情動学シリーズ 2
小野武年 監修

情動の仕組みとその異常

Neural Mechanisms of Emotion and Its Disorders

山脇成人
西条寿夫
編集

朝倉書店

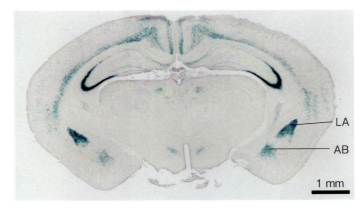

図1.5 扁桃体外側核選択的 Cre (GRP-iCre) マウスの作製
[本文 15 ページ参照]

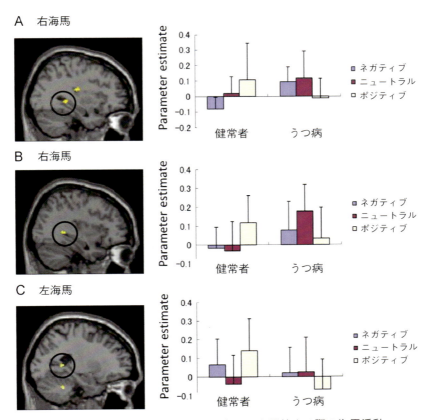

図6.1 情動価をもつ単語の組み合わせを記銘する際の海馬活動
(Toki et al., 2013)[21] [本文 105 ページ参照]

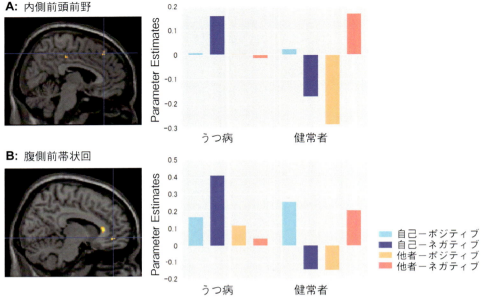

図 6.2 情動価をもつ単語を自己あるいは他者と関連づける際の脳活動（Yoshimura et al., 2010）[27]［本文 109 ページ参照］

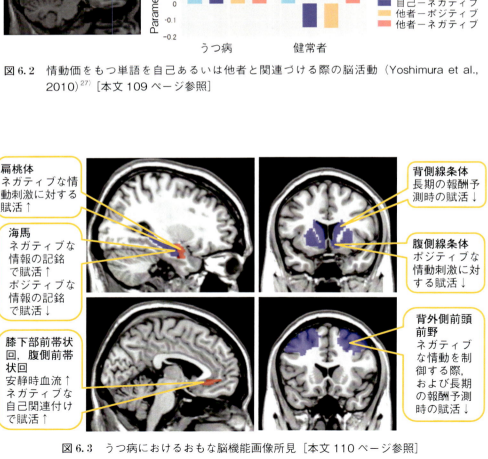

図 6.3 うつ病におけるおもな脳機能画像所見［本文 110 ページ参照］

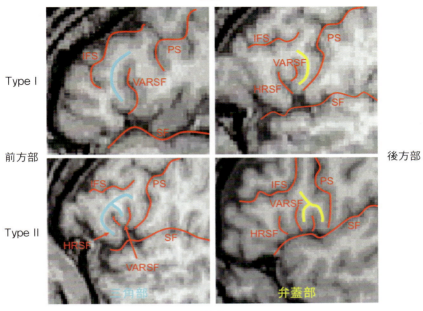

図 8.1 下前頭回の区分（Yamasaki et al., 2010, 一部改変）[17]　[本文 132 ページ参照]

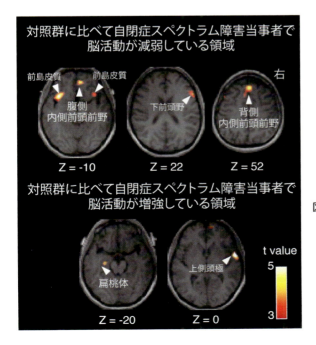

図 8.5 相手の友好性を判断する際の自閉症スペクトラム障害当事者の脳活動の特徴（Watanabe et al., 2012, 一部改変）[37]　[本文 136 ページ参照]

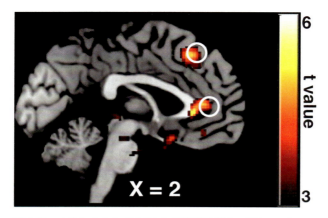

図 8.7 オキシトシン投与による脳活動変化（Watanabe et al., 2013, 一部改変）[39]［本文 138 ページ参照］

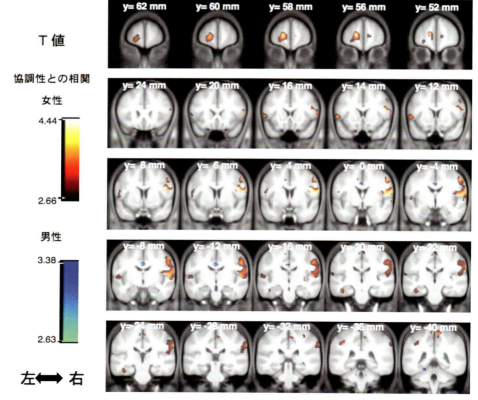

図 8.8 協調性と社会脳領域における灰白質体積の女性に特有な相関（Yamasue et al., 2008, 一部改変）[45]［本文 139 ページ参照］

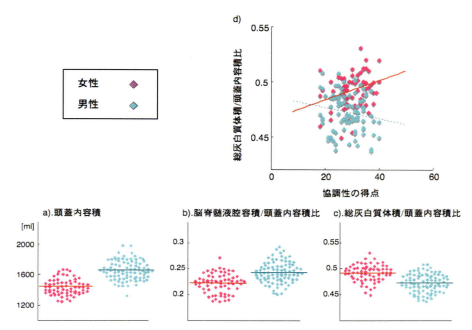

図 8.9 協調性と総灰白質体積の女性に特有な相関（Yamasue et al., 2008, 一部改変）[45] ［本文 140 ページ参照］

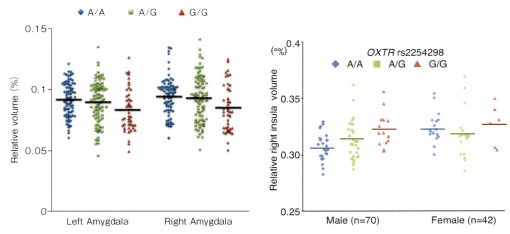

図 8.10 自閉症スペクトラム障害のリスク要因と扁桃体体積（Inoue et al., 2010, 一部改変）[46] ［本文 141 ページ参照］

図 8.13 健常者内の自閉症傾向と関連した脳局所体積とオキシトシン受容体遺伝子（Saito et al., 2013, 一部改変）[50] ［本文 144 ページ参照］

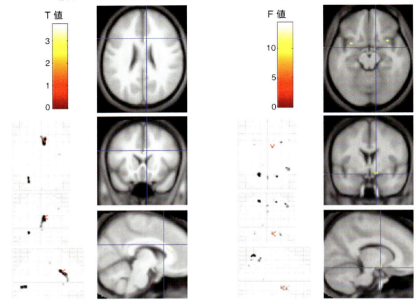

図 8.11 自閉症スペクトラム障害のリスク要因と脳局所体積（Yamasue et al., 2011, 一部改変）[47]　[本文 142 ページ参照]

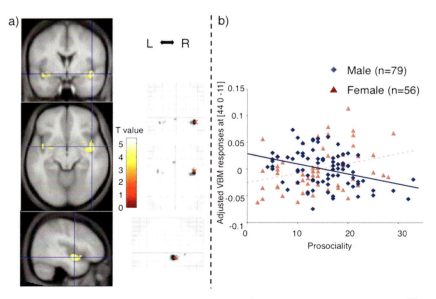

図 8.12 健常者内の自閉症傾向と脳局所体積（Saito et al., 2013, 一部改変）[50]　[本文 143 ページ参照]

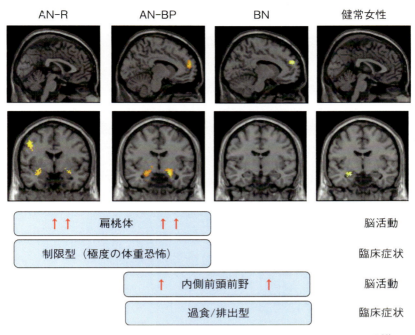

図 9.3 身体イメージ単語刺激に対する脳活動（Miyake et al., 2010）[33]
［本文 157 ページ参照］

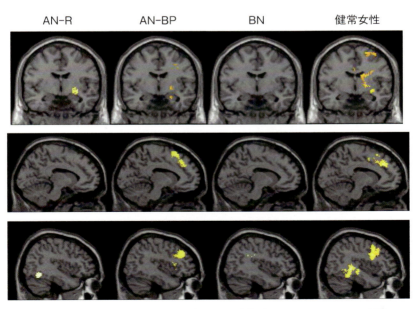

図 9.5 身体イメージの変化に対する脳活動（Miyake et al., 2010）[35]
［本文 159 ページ参照］

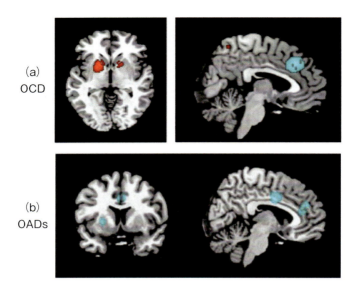

図 10.2 メタ解析による OCD 患者と不安障害患者の灰白質体積比較（(a) Radua et al., 2009；(b) Radua et al., 2010)[6,7]［本文 170 ページ参照］

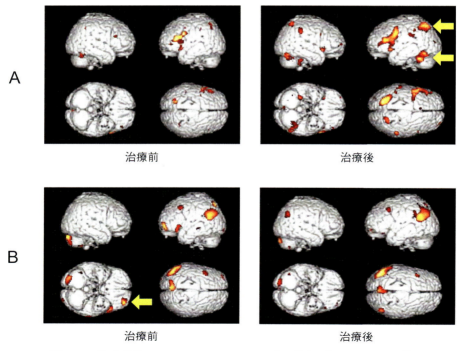

図 10.5 治療前後における OCD の fMRI 画像の比較（Nakao, 2005)[2]
［本文 180 ページ参照］

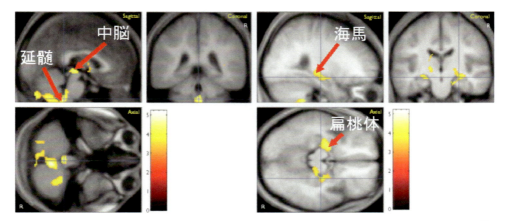

図 11.4 PD 患者群(非発作安静時)での糖代謝亢進領域(Sakai et al., 2005, 一部改変)[9] [本文 192 ページ参照]

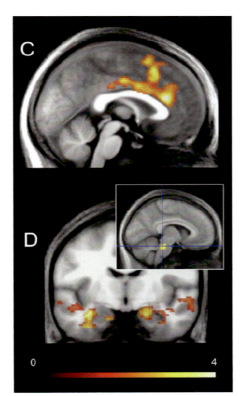

図 11.5 情動ストループ課題において、不一致→不一致と一致→不一致条件間の脳血流増加の差の大きさ(前者−後者)を PD 群・健常者群間で比較した結果(Chechko et al., 2009)[16] [本文 196 ページ参照]

情動学シリーズ　刊行の言葉

　情動学（Emotionology）とは「こころ」の中核をなす基本情動（喜怒哀楽の感情）の仕組みと働きを科学的に解明し，人間の崇高または残虐な「こころ」，「人間とは何か」を理解する学問であると考えられています．これを基礎として家庭や社会における人間関係や仕事の内容など様々な局面で起こる情動の適切な表出を行うための心構えや振舞いの規範を考究することを目的としています．これにより，子育て，人材育成および学校や社会への適応の仕方などについて方策を立てることが可能となります．さらに最も進化した情動をもつ人間の社会における暴力，差別，戦争，テロなどの悲惨な事件や出来事などの諸問題を回避し，共感，自制，思いやり，愛に満たされた幸福で平和な人類社会の構築に貢献するものであります．このように情動学は自然科学だけでなく，人文科学，社会科学および自然学のすべての分野を包括する統合科学です．

　現在，子育てにまつわる問題が種々指摘されています．子育ては両親をはじめとする家族の責任であると同時に，様々な社会的背景が今日の子育てに影響を与えています．現代社会では，家庭や職場におけるいじめや虐待が急激に増加しており，心的外傷後ストレス症候群などの深刻な社会問題となっています．また，環境ホルモンや周産期障害にともなう脳の発達障害や小児の心理的発達障害（自閉症や学習障害児などの種々の精神疾患），統合失調症患者の精神・行動の障害，さらには青年・老年期のストレス性神経症やうつ病患者の増加も大きな社会問題となっています．これら情動障害や行動障害のある人々は，人間らしい日常生活を続けるうえで重大な支障をきたしており，本人にとって非常に大きな苦痛をともなうだけでなく，深刻な社会問題になっています．

　本「情動学シリーズ」では，最近の飛躍的に進歩した「情動」の科学の研究成果を踏まえて，研究，行政，現場など様々な立場から解説します．各巻とも研究や現場に詳しい編集者が担当し，1) 現場で何が問題になっているか，2) 行政・教育などがその問題にいかに対応しているか，3) 心理学，教育学，医学・薬学，脳科学などの諸科学がその問題にいかに対処するか（何がわかり，何がわかって

いないかを含めて）という観点からまとめることにより，現代の深刻な社会問題となっている「情動」や「こころ」の問題の科学的解決への糸口を提供するものです．

　なお本シリーズの各巻の間には重複があります．しかし，取り上げる側の立場にかなりの違いがあり，情動学研究の現状を反映するように，あえて整理してありません．読者の方々に現在の情動学に関する研究，行政，現場を広く知っていただくために，シリーズとしてまとめることを試みたものであります．

2015年4月

小野武年

●序

　われわれはなぜ喜怒哀楽の感情（情動）を有するのだろうか．19世紀にダーウィンは『種の起源』で自然選択説を唱え，生存に適した特性を有する子孫が生き延び，世代が経るに従い，その特性が発達することにより種が分離するとした．すべての哺乳類は，情動行動などの共通の行動特性を備えていることから，彼の説によると，共通の祖先から発達し，情動行動のための共通の神経系を備えていることになる．すなわち，情動行動の生物学的意義は，個体の生存確率を高めること（個体維持）と種族保存にあり，それゆえヒトを頂点としてすべての動物は情動を発達させてきたと考えられる．たとえば，昆虫からヒトまで，快情動をもたらす報酬物体には接近行動を起こし，不快情動をもたらす嫌悪物体には回避行動を起こすことが知られている．このように，情動は生物が生き延びるために必須の脳機能である．

　一方，ヒトは最も社会的な動物であり，乳幼児は，さまざまな社会的・文化的影響のもとに成長していく．生後早期には，乳児の生存と成長にとって両親との関係が最も重要である．成長するにしたがい，幼児はより大きな集団（社会）のなかで生きていくことになる．これら人間社会では，人間間の相互作用やコミュニケーション（社会生活）が生き延びるために最も重要な要因となる．この人間間の相互関係において，相手の表情や仕草ならびに言動などから，相手の情動（感情），意図や思考を理解し，将来起こりうる行動を予測する認知機能は，社会的認知機能と呼ばれている．すなわち，人間社会で生き延びていくためには，社会的認知機能により，顔表情や動作から相手の情動と行動を推測し，また，表情表出により相手に自身の情動を伝えることが重要である．

　このように，ヒトの情動および社会的認知機能は，すべての動物に共通し，遺伝的要因が関与する基本的機能と，社会生活における経験と学習により長期にわたって発達していく機能からなると考えられる．したがって，遺伝的異常，あるいは生後の脳発達過程の障害により，種々の情動の異常をともなううつ病，発達障害，および統合失調症などの精神疾患が起こると推測されている．一方，近年

の技術革新により，機能的磁気共鳴画像法（fMRI）などの非侵襲的脳機能測定法を用いて，これら情動や心が宿るヒトの脳内を直接見ることができるようになってきた．また，動物を用いた研究では，遺伝子操作により脳のハードウエアを直接変化させることも可能になっている．このように現代の神経科学の進歩は，人間の複雑な精神機能（情動，感情）のメカニズムをしだいに明らかにしつつある．

　本巻では，情動の脳の仕組みに関する動物を用いた分子，認知，行動などの観点からの基礎編に続き，臨床編では情動の異常を伴ううつ病，統合失調症，発達障害，摂食障害，強迫性障害，およびパニック障害などの代表的精神疾患の脳内機能異常について，わが国の第一線の脳科学ならびに精神医学研究者が，最新の脳科学的知見を踏まえ，それぞれの立場からわかりやすく解説している．本巻で展開される生物学的視点は，高次精神機能を科学的に考察する観点として，生理学，神経科学，心理学，精神医学および工学分野の専門家だけでなく，広く脳科学に興味をもつ方々に斬新な視点を提供すると思われる．

　2015年4月

西条寿夫
山脇成人

● **編集者**

山脇成人　広島大学大学院医歯薬保健学研究院精神神経医科学
西条寿夫　富山大学大学院医学薬学研究部システム情動科学

● **執筆者**（執筆順）

井上　蘭　富山大学大学院医学薬学研究部（医学）分子神経科学
森　　寿　富山大学大学院医学薬学研究部（医学）分子神経科学
田積　徹　文教大学人間科学部心理学科
堀　悦郎　富山大学大学院医学薬学研究部行動科学
小野武年　富山大学大学院医学薬学研究部
西条寿夫　富山大学大学院医学薬学研究部システム情動科学
松本惇平　富山大学大学院医学薬学研究部システム情動科学
清川泰志　東京大学大学院農学生命科学研究科獣医動物行動学
岡田　剛　広島大学大学院医歯薬保健学研究院精神神経医科学
岡本泰昌　広島大学大学院医歯薬保健学研究院精神神経医科学
福田正人　群馬大学大学院医学系研究科神経精神医学
高橋啓介　群馬大学大学院医学系研究科神経精神医学
武井雄一　群馬大学大学院医学系研究科神経精神医学
山末英典　東京大学大学院医学系研究科精神医学
三宅典恵　広島大学保健管理センター
山下英尚　広島大学大学院医歯薬保健学研究院精神神経医科学
中尾智博　九州大学大学院医学研究院精神病態医学
熊野宏昭　早稲田大学人間科学学術院

●目 次

基礎編

1. 情動学習の分子機構 ……………………………［井上　蘭・森　　寿］… 2
 1.1　齧歯類における古典的条件づけを用いた情動学習測定 ………………… 2
 1.2　音恐怖条件づけに関連する扁桃体の神経回路 ……………………………… 4
 1.3　情動記憶の獲得と扁桃体のシナプス可塑性 ………………………………… 5
 1.4　恐怖記憶固定化の分子機構 ……………………………………………………… 10
 1.5　恐怖記憶の維持にかかわる分子機構 ………………………………………… 12
 1.6　情動記憶の再固定化および消去にかかわる分子機構 …………………… 13
 1.7　LA特異的遺伝子操作マウスの開発 ………………………………………… 15
 おわりに …………………………………………………………………………………… 16

2. 情動発現と顔 ………………………………………………………………［田積　徹］… 18
 2.1　顔の情報処理に特化した領域 ………………………………………………… 18
 2.2　視線に応答するニューロンが含まれる脳領域 …………………………… 20
 2.3　サル扁桃体ニューロンの視線と頭の方向の情報処理 ……………………… 23
 2.4　扁桃体顔ニューロンの機能 ……………………………………………………… 27
 2.5　STSと扁桃体の機能的連携についての仮説 ……………………………… 28
 2.6　社会生活における扁桃体の役割 ……………………………………………… 29
 2.7　扁桃体と自閉症 …………………………………………………………………… 33
 おわりに …………………………………………………………………………………… 35

3. 情動発現と脳発達 ……………………………［堀　悦郎・小野武年・西条寿夫］… 41
 3.1　社会的刺激認知の発達 …………………………………………………………… 43
 3.2　情動発達の基盤となる神経系 ………………………………………………… 47
 おわりに …………………………………………………………………………………… 56

4. **情動発現と報酬行動** ················ ［松本惇平・小野武年・西条寿夫］···59
   4.1 報酬系 ···59
   4.2 報酬行動におけるドパミンの役割 ···61
   4.3 快感の神経基盤 ··65
   4.4 報酬行動の状況・経験依存性 ···66
   4.5 性行動におけるオスラット側坐核ニューロンの応答 ·····························71
   おわりに ···74

5. **情動発現と社会行動** ··［清川泰志］···77
   5.1 動物の嗅覚系 ···79
   5.2 社会行動を司る匂い ··81
   5.3 警報フェロモン ··81
   5.4 ストレスの社会的緩衝作用 ···90
   おわりに ···96

臨床編

6. うつ病······························［岡田　剛・岡本泰昌］···100
  6.1　うつ病の臨床徴候···101
  6.2　うつ病の認知心理学的所見·····································102
  6.3　うつ病の脳形態画像所見·······································103
  6.4　うつ病の脳機能画像所見·······································104
  おわりに··111

7. 統合失調症··················［福田正人・高橋啓介・武井雄一］···114
  7.1　臨床的に認められる統合失調症の情動症状······················114
  7.2　統合失調症の情動症状の心理学的研究··························117
  7.3　情動症状の意義とメカニズム··································119
  7.4　情動症状と社会···122
  7.5　脳の情報処理と情動···123
  7.6　統合失調症の新時代と情動····································125

8. 発達障害···［山末英典］···129
  8.1　社会脳仮説··129
  8.2　ヒトの共感能力の脳基盤·······································130
  8.3　ASDでの共感能力の障害の脳基盤······························131
  8.4　オキシトシン投与と社会的認知の改善，その脳画像所見·········134
  8.5　オキシトシン投与による自閉症への治療可能性··················135
  8.6　男女差と社会性···138
  8.7　社会性の男女差と社会脳領域の男女差··························140
  8.8　オキシトシン関連分子の遺伝子多型と脳形態····················141
  8.9　男女差と自閉症スペクトラム障害·······························144
  おわりに··145

9. 摂食障害……………………………………［三宅典恵・山下英尚］…147
　9.1　摂食障害の診断と発症因子………………………………………148
　9.2　摂食障害の認知機能………………………………………………151
　9.3　摂食障害の身体イメージ認知……………………………………155
　9.4　摂食障害の治療……………………………………………………160
　おわりに…………………………………………………………………163

10. 強迫性障害………………………………………………［中尾智博］…166
　10.1　OCD 概念の変遷と情動…………………………………………166
　10.2　強迫と不安………………………………………………………168
　10.3　強迫と衝動：強迫スペクトラム障害…………………………171
　10.4　強迫と認知………………………………………………………173
　10.5　OCD の亜型と脳…………………………………………………175
　10.6　治療による OCD 回復の生物学的基盤…………………………178
　10.7　OCD の情動と脳の統合モデル…………………………………182

11. パニック障害……………………………………………［熊野宏昭］…186
　11.1　不安障害と情動制御……………………………………………186
　11.2　パニック障害の神経解剖学モデル……………………………188
　11.3　パニック障害の脳イメージング………………………………190
　11.4　パニック障害の認知機能異常…………………………………196
　おわりに…………………………………………………………………200

索　引………………………………………………………………………203

1 情動学習の分子機構

恐れや怒り,喜びなどの感情は,ヒトの適応行動に必要な心の働きであり,学習・記憶や意欲などとも深く結びついている.感情を自然科学の対象として取り扱うときには,「情動」とよび,感情に伴う自律神経活動の変化(心拍数や血圧の変化など)やそのほかの身体的変化(顔の表情,筋の緊張の変化など),あるいは感情が生じているときに示す行動変化などを研究対象とする.情動がかかわる記憶は獲得されやすく,また長続きすることがヒトや動物における実験で示されている.たとえば,私たちにとって悲しく辛いできごとや恐れは,情動記憶として脳裏に深く刻まれ,これらの情動記憶をもとに特定の行動を避けることを学習する.現在,分子生物学や遺伝子工学の発展で,情動学習の脳神経機構を分子レベルで追求することが可能になり,情動制御にかかわる脳内システムの理解が進んできている.

情動学習の分子機構は,恐怖条件づけを代表的な実験的パラダイムとして広範に研究され,扁桃体を中心とした神経回路の機能が確立された[1].恐怖条件づけでは,音や光などの条件刺激と,電気ショックなどの非条件刺激が扁桃体外側核(LA)において連合されることにより,恐怖学習が成立する.本章では,齧歯類を用いて解析されている恐怖条件づけ学習を取り上げ,情動記憶の獲得(acquisition),固定化(consolidation),維持(maintenance),再生(retrieval),再固定化(reconsolidation)および消去(extinction)などの過程におけるLA特異的な分子機構を中心に,概説する.

1.1 齧歯類における古典的条件づけを用いた情動学習測定

マウスやラットを用いて情動を行動学的に解析する場合,古典的条件づけによる恐怖反応を測定する方法がある.扁桃体が関与する恐怖学習の代表的なテ

ストとして，手がかり依存的恐怖条件づけ（cued fear conditioning）がある．Cued fear conditioning は，音や光のような明確な手がかり（cue）となる条件刺激（conditioned stimulus：CS）と，非条件刺激（unconditioned stimulus：US）となる足への電気ショックを数回組み合わせて動物に与えることにより成

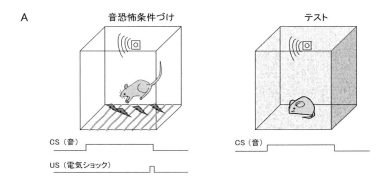

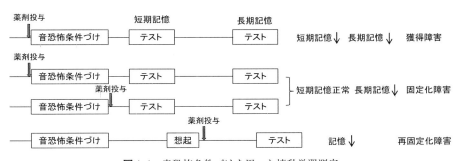

図1.1 音恐怖条件づけを用いた情動学習測定

A：音恐怖条件づけの模式図．マウスを箱に入れ，条件刺激（conditioned stimulus：CS）となる音を30秒間聞かせる．音提示過程の最後の2秒間，床のグリットから非条件刺激（unconditioned stimulus：US）となる電気ショックを与える．翌日，電気ショックをかけた箱とは別の箱にマウスを入れ，テストを行う．条件刺激の音だけを与え，恐怖反応として示されるマウスのフリージング時間を測定する．

B：薬剤投与による記憶の獲得，固定化ならびに再固定化過程の同定．恐怖条件記憶の獲得への影響を検討する場合，恐怖条件づけの直前に薬剤の投与を行う．短期記憶と長期記憶の両方が障害された場合，その薬剤は記憶の獲得を阻害したと考えられる．恐怖条件づけの直前あるいは直後に薬剤を投与し，短期記憶は影響されないが，長期記憶のみ障害される場合は，その薬剤は記憶の固定化過程を阻害したことになる．恐怖条件記憶が固定化された後(24時間以降)，一度想起（CSとなる音を3分間聞かせる）させ，想起後数時間（〜4時間）以内に薬剤を投与し，記憶が障害された場合は，薬剤が記憶の再固定過程を阻害したと考えられる．

立する（図1.1A）．特定の時間（24時間，1週間，1カ月など）後に，電気ショックを与えた箱とは異なる実験箱に動物を入れCS（音や光）のみを提示すると，条件づけされた恐怖反応として不動化（呼吸以外の運動を停止する恐怖反応，freezing）が引き起こされるようになる．このfreezing時間の割合を測定することにより，恐怖記憶を評価することができる．マウスやラットにおけるcued fear conditioningは，非常に短い時間で成立し，長期にわたって記憶が保持される特徴がある．

　記憶は獲得，固定化，維持，再生，再固定化および消去などの過程を経てダイナミックに変化する．これらの記憶の各過程では，その種類によってかかわる脳部位と分子メカニズムが異なることが示唆されている．記憶の各過程は，薬理学的実験により同定することができる（図1.1B）．恐怖条件づけの直前に薬剤の投与を行い，短期記憶と長期記憶の両方が障害された場合，その薬剤は記憶の獲得過程を阻害したと考えられる．恐怖条件づけの直前あるいは直後に薬剤を投与し，短期記憶は影響されないが，長期記憶のみ抑制される場合は，その薬剤は記憶の固定化過程を阻害することになる．恐怖条件づけ記憶が固定化された後，一度想起（以前のできごとを思い出す）させ，想起後数時間（～4時間）以内に薬剤を投与し，特定の時間（24時間，1週間）後の記憶が低下した場合は，薬剤が記憶の再固定過程を阻害したと考えられる．最近では，薬剤投与と同じタイミングで，脳部位特異的な遺伝子操作を行うことにより，記憶の各過程特異的な神経回路と分子メカニズムの同定が行われている．

1.2　音恐怖条件づけに関連する扁桃体の神経回路

　脳の局所破壊実験や薬理学的実験により，音恐怖条件づけ学習において扁桃体が重要な機能を担っていることが明らかにされている．齧歯類では，扁桃体は少なくとも13個の神経亜核から形成されている．扁桃体の亜核間には相互連絡があり，情報伝達とその修飾を行っている．音を手がかりとする恐怖条件づけ（auditory fear conditioning）では，CSとなる聴覚情報（音）は，視床から直接入力する視床経路と，大脳皮質を介して入力する皮質経路を経由して，扁桃体外側核（LA）に入力する．USとなる電気ショックによる痛覚刺激は脊髄-視床路を経由してLAに入力する．LAの神経細胞は聴覚刺激と痛覚刺激の両方に反応し，CSとUSはLAで連合すると考えられている．LAで処理された情動に関す

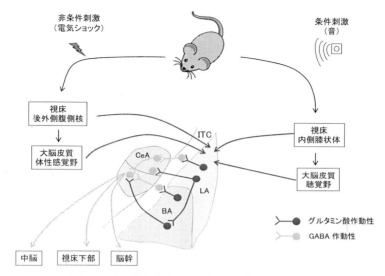

図 1.2 音恐怖条件づけに関連する扁桃体の神経回路
音恐怖条件づけでは，音刺激は，視床と大脳皮質を経由して扁桃体外側核 (lateral amygdaloid nucleus：LA) に入力する．電気ショックによる痛覚刺激は脊髄-視床路と大脳皮質を経由して LA に入力する．LA の神経細胞は聴覚刺激と痛覚刺激の両方に反応し，CS と US は LA で連合する．LA で処理された情動に関する情報は扁桃体中心核 (central amygdaloid nucleus：CeA) へ送られる．LA から CeA へは直接投射する経路と，扁桃体基底核 (basal amygdaloid nucleus：BA) あるいは γ-アミノ酪酸 (gamma-amino butyric acid：GABA) 作動性の介在神経集団 (intercalated：ITC) 細胞を経て投射する間接経路がある．CeA からの出力は視床下部，中脳，脳幹に送られて恐怖情動反応を引き起こす．

る情報は扁桃体中心核（CeA）へ送られる．LA から CeA へは直接投射する経路と，扁桃体亜核間の結合を経て投射する経路がある．CeA からの出力は視床下部，中脳，脳幹に送られて恐怖情動反応を引き起こすことが知られている（図 1.2）．

1.3　情動記憶の獲得と扁桃体のシナプス可塑性

　神経細胞は他の神経細胞との間でシナプスを通じて情報のやりとりをしている．Hebb は 1949 年に，学習記憶に関する重要な理論として可変シナプスに関する Hebb 則を提唱した．シナプス結合を挟んだ二つの神経細胞が同時に活動すると両者間のシナプス伝達が長期間にわたって増強されるという理論である．実

際にこのような性質をもつシナプスは，記憶に重要な脳領域である海馬において最初に見いだされた．海馬の神経回路を強い入力で刺激すると，シナプス伝達効率の増強が数時間〜数週間持続する現象（長期増強，long-term potentiation：LTP）が知られており，学習・記憶の細胞レベルの基礎過程と考えられている[2]．

Hebb 則に従うシナプス可塑性は，扁桃体の機能に依存する手がかり依存的恐怖条件づけにおいても示唆されている[3]．音や電気ショックなどの感覚性の情報が扁桃体に入る視床-LA 間線維を刺激すると同時に LA の神経細胞を電気的に刺激して脱分極させると，LTP が誘導されることが報告された[4]．恐怖条件づけにおいては，嫌悪刺激である US により LA の錐体細胞が脱分極され，同じ LA 細胞に入力する CS によるシナプス伝達を増強する可能性がある．Rosenkranz らは，ラットに匂いと電気ショックを数回組み合わせて提示することにより，条件刺激の匂いだけでポストシナプス電圧（post-synaptic potential）の増強を引き起こすことを見出した[5]．最近，特定の神経回路や軸索入力を刺激する光遺伝学（optogenetics）的手法が開発されて使用されている．光活性化イオンチャネ

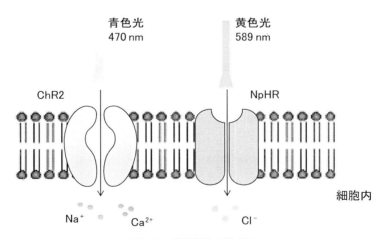

図 1.3 光遺伝学の模式図

青色光（470 nm）照射によりチャネルロドプシン 2（ChR2）が開き，細胞外の陽イオン（Na^+, Ca^{2+}）が細胞内に流入し，神経細胞が脱分極して発火する．黄色光（589 nm）照射によりハロロドプシン（NpHR）が開き，細胞外の陰イオン（Cl^-）が細胞内に流入し，過分極により神経細胞が抑制される．ChR2 や NpHR を特定の神経細胞に発現させることにより，これらの細胞の活動を，光によりオン・オフ制御できる．

ルであるチャネルロドプシン2（Channelrhodopsin-2：ChR2）またはハロロドプシン（Halorhodopsin：NpHR）を特定の神経細胞に強制発現させた後，これらの細胞に特定の波長の光を照射することにより，標的とする神経細胞をそれぞれ興奮または抑制させることができる技術である（図1.3）．この手法を用いて，Ca^{2+}/calmodulin-dependent protein kinase II（CaMKII）プロモーターの制御下で前脳グルタミン酸作動性の神経細胞特異的にChR2を発現するadeno-associated virus（AAV）ベクターをラットのLAに注入し，光刺激によりLAの錐体細胞を活性化できるようにし，光刺激と音を数回組み合わせて提示すると，音だけで恐怖反応を引き起こすことが報告されている[6]．以上の所見から，LAにおけるLTPは情動にかかわる学習・記憶の細胞レベルの基礎過程として考えられている．

　LAにおけるLTP誘導には，後シナプス細胞へのカルシウムイオンの流入と，それに引き続いて起こる蛋白質リン酸化酵素のシグナル伝達経路の活性化が必須である．恐怖条件づけに対応して起こるLAでの神経活動依存性の細胞内カルシウムイオンの増加には，N-methyl-D-aspartate（NMDA）型グルタミン酸受容体ならびにL-type電位依存性カルシウムチャネル（L-type voltage-gated calcium channel：VGCC）が関与していると考えられている（図1.4）．

　視床-LA間のシナプス伝達はグルタミン酸作動性である[1]．NMDA受容体は，シナプス前終末からのグルタミン酸による刺激と，シナプス後膜の脱分極が同時に起こったときに活性化され，シナプス前終末とシナプス後膜の神経活動の同時検出器（coincidence detector）として機能し，シナプス後膜でカルシウムイオンの流入を起こす[7]．NMDA受容体はGluN2（GluRε，NR2）とGluN1（GluRζ1，NR1）サブユニットの集合により構成される．GluN2サブファミリーにはGluN2A-Dと4種のサブユニットがあり，それぞれGluN1と組み合わさり活性の高いNMDA受容体を形成する．GluN2サブユニットは，それぞれ脳内における分布や機能が異なるため，NMDA受容体機能に多様性をもたらすことによりNMDA受容体としての特性を決定する．多くの薬理学的実験や遺伝子操作マウスの解析より，NMDA受容体が恐怖条件づけにおいて中心的役割を担っていることが明らかとなった．Tangらは，NMDA受容体のGluN2Bサブユニットを過剰に発現する遺伝子操作マウスを用いて解析し，このマウスにおいて音恐怖条件づけによる恐怖記憶形成が亢進することを見出した[8]．また，Rodrigues

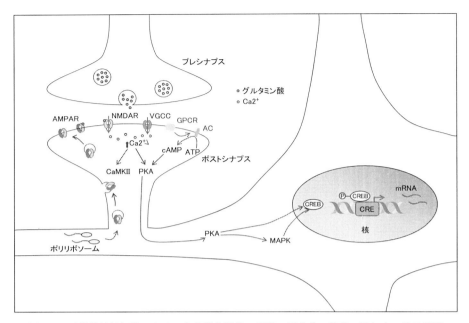

図 1.4 扁桃体神経細胞における条件恐怖記憶の獲得, 固定化, 維持に関与する分子機構
恐怖条件づけにおいては, CS と US の連合により LA の神経細胞が活性化し, N-methyl-D-aspartate 型グルタミン酸受容体 (NMDAR) ならびに L-type 電位依存性カルシウムチャネル (L-type voltage-gated calcium channel：VGCC) を介して Ca^{2+} が細胞内に流入する. 細胞内 Ca^{2+} 濃度の増加により, Ca^{2+}/calmodulin-dependent protein kinase II (CaMKII), protein kinase A (PKA), mitogen activated protein kinase (MAPK) などの蛋白質リン酸化酵素が活性化する. PKA ならびに MAPK は細胞核内へ移行し cAMP response element binding protein (CREB) をリン酸化する. リン酸化 CREB は cAMP response element (CRE) に結合して, 下流遺伝子の転写を促進し, 恐怖条件記憶の固定化に必要な蛋白質が合成される. 恐怖条件づけ後の LA 神経細胞の樹状突起では, 蛋白質の合成にかかわるポリリボソームが増加する. 新規蛋白質の合成に依存したシナプスや神経回路の構造変化は, 長期記憶の維持にかかわると考えられている. GPCR：G protein-coupled receptor, AC：adenylate cyclase, cAMP：cyclic adenosine monophosphate, AMPAR：α-amino-3-hydroxy-5-methyl-4-isoxazolepropionic acid receptor.

らは LA に発現する GluN2B サブユニットの音恐怖条件づけにおける役割を検討するため, 音刺激と電気ショック刺激を組み合わせて提示する前に GluN2B の特異的阻害剤を LA に注入したところ, 恐怖条件づけ 24 時間後の恐怖反応が低下し, 視床-LA シナプスにおける LTP の誘導を阻害することを報告した[9]. GluN2B サブユニットの C 末端にある 1472 番目のチロシン残基 (Y1472) はリン酸化を受

ける．Y1472 をフェニルアラニンに置換したノックインマウスの LA では，シナプス後細胞の脱分極とシナプス入力のペアリング刺激により誘導される LTP がほとんど誘導されない[10]．以上から，NMDA 受容体の GluN2B サブユニットは LA における LTP の誘導ならびに情動記憶の獲得において重要な分子であることが明らかとなった．

視床-LA シナプスにおいて，プレシナプスへの弱い刺激とポストシナプスの脱分極を同時に行うことにより誘導される LTP は，VGCC のブロッカーにより阻害される[11]．音恐怖条件づけの前に VGCC のブロッカーを LA に注入すると短期記憶に影響されないが，長期記憶が阻害されることから，VGCC は長期情動記憶の形成にかかわると考えられている．

細胞内カルシウム濃度の増加により，一連の蛋白質リン酸化酵素のシグナル伝達カスケードが活性化することは情動記憶の獲得に重要なプロセスである．そのなかでも，CaMKII はシナプス可塑性ならびに記憶の獲得に必要な情報伝達分子として多く研究報告されている．CaMKII はカルシウム-カルモデュリンにより活性化されるセリン/スレオニン蛋白質リン酸化酵素で，一度活性化されると，その活性をカルシウム非存在下でも持続できるという特徴がある．CaMKII は NMDA 受容体との相互作用によって活性化状態に固定される．前脳特異的かつ誘導型の CaMKII 遺伝子欠損マウスでは，音および文脈恐怖条件づけに異常がある[12]．NMDA 受容体を介して起こるカルシウム流入によって活性化される CaMKII は，alpha-amino-3-hydroxy-5-methyl-4-isoxazolepropionic acid（AMPA）受容体の GluR1（GluA1）サブユニットの 831 番目のセリン（Ser831）をリン酸化させることが知られている．Ser831 のリン酸化は，細胞膜への GluR1 の移行を促進し，シナプス伝達効率を増強する[13]．恐怖記憶の形成におけるシナプス膜への GluR1 の移行の役割を調べるため，Rumpel らは，GluR1 サブユニットのアミノ末端に蛍光蛋白質 green fluorescent protein（GFP）を融合させた GluR1-GFP ならびに GluR1 のシナプス輸送にかかわる GluR1 の細胞内カルボキシル末端部分と GFP の融合遺伝子（GluR1-C-tail-GFP）を構築した[14]．これらの遺伝子をヘルペスウイルスベクターに組み込み，LA に局所注入して感染させ，発現させることにより，その影響を観察した．GluR1-GFP は過剰発現させると GluR1 からのみ構成されるホモメリックチャネルが形成され，AMPA 受容体の整流作用の性質が変化するので，電気生理学的に GluR1 のシナプス輸

送を検出することができる．GluR1-GFP 遺伝子の発現は，視床-LA 間の通常のシナプス伝達には影響を与えなかったが，個体レベルで音恐怖づけが成立すると，扁桃体外側核シナプスにおいて整流作用の変化した AMPA 受容体が検出された．したがって，恐怖条件づけによる学習により AMPA 受容体がシナプスに輸送されることが示された．一方，AMPA 受容体のシナプス輸送を阻害するドミナントネガティブ体である GluR1-C-tail-GFP を発現させると，通常のシナプス伝達には影響を与えないが，LTP を阻害し，恐怖条件付け 24 時間後の恐怖反応が低下した．この結果から，AMPA 受容体サブユニットのシナプス膜への移行は，シナプス伝達の可塑性にかかわる分子機構の一つであることが明らかとなった[14]．

1.4 恐怖記憶固定化の分子機構

記憶は，獲得直後は不安定な状態にあり，固定化過程を経て安定した長期記憶として脳内に保存される．恐怖情動記憶の固定化には，新規蛋白質の合成に依存したシナプス構造の長期的な変化が必要であると考えられている．RNA 転写阻害剤や蛋白質合成阻害剤を恐怖条件づけの前に LA に投与すると短期記憶の形成には影響を及ぼさないが，長期記憶の形成は阻害される．神経細胞において mRNA からの蛋白質への翻訳は細胞体のみならず樹状突起でも行われる．樹状突起における局所蛋白質合成はシナプス可塑性における入力特異性に関与していると考えられている．LTP においては，高頻度のシナプス入力を受けた後シナプス部位だけに選択的なシナプス伝達効率上昇が引き起こされる．そのメカニズムの一つとして，LTP の成立および維持に必要な蛋白質が樹状突起において局所合成され，入力を受けたシナプス選択的に供給されるという仮説（シナプスタグ仮説）が提唱されている[15]．この仮説を支持する所見として，恐怖条件づけ後の LA ニューロンの樹状突起では，蛋白質の合成にかかわるポリリボソームの増加が認められている[16]．恐怖条件づけの際，局所で翻訳される代表的な蛋白質として activity-regulated cytoskeletal-associated protein（Arc/Arg3.1）があげられる．恐怖条件づけ後には，Arc の発現増強が見られ[17]，現在では Arc 発現は記憶痕跡の指標として使用されている．

恐怖条件づけ後の情動記憶の固定化過程においては，細胞内シグナル伝達系を介した cyclic adenosine monophosphate（cAMP）response element（CRE）-

binding protein（CREB）の活性化が，CRE を転写調節領域にもつ標的遺伝子の発現を誘導し，この CREB 標的遺伝子群のコードする蛋白質が情動記憶の固定化を促進すると考えられている[18]．CREB は 133 番目のセリン（Ser133）がリン酸化されることにより活性化される．CREB の Ser133 をリン酸化する主要なキナーゼは cAMP によって活性化される protein kinase A（PKA）である．cAMP が PKA の調節サブユニットに結合すると触媒サブユニットが遊離し核へ移行し，CREB をリン酸化する．CREB がリン酸化されている時間の長さは CREB 依存性の遺伝子発現を誘導する効率と相関すると考えられている．マウスで音恐怖条件づけを行い，30 分後にリン酸化 CREB の発現を調べると，LA において CREB のリン酸化が亢進することが報告されている[19]．また，CREB の標的遺伝子であり，最初期遺伝子として知られている c-fos の発現も恐怖条件づけ後の LA で亢進する[19]．CREB の過剰発現マウスは恐怖記憶の固定化が促進され[20]，CREB 遺伝子の欠損マウスでは短期記憶は正常だが，長期記憶の障害を示すことから[21]，CREB は恐怖記憶の固定化にかかわる重要な分子であることが明らかとなった．

　恐怖条件づけの獲得過程において LA の神経細胞が活性化され，記憶の想起過程で再活性化されること，再活性化される神経細胞の数が恐怖情動記憶の強さに関連していることが Reijmers らの研究により示されている[22]．しかし驚くことに，恐怖条件づけの獲得過程において活性化される LA ニューロンは細胞全体の 70% に達するのに対して，記憶の想起過程で再活性化される神経細胞は LA 細胞の 20〜25% 程度にすぎない．これらの結果から，比較的少数の LA の神経細胞の活性化だけで恐怖記憶の成立が可能であることが示唆されているが，恐怖記憶の形成過程においてどのような細胞が活性化されるか，さらのその分子メカニズムについては長い間未解決の課題であった．最近 Han らは，CREB の機能変化が，恐怖記憶の成立過程で活性化される LA ニューロンの選別に影響を与えていることを報告した[23]．野生型 CREB に蛍光蛋白質 GFP を融合させた遺伝子（CREB-GFP）をウイルスベクターに組み込み LA に感染させ，恐怖条件づけ後の神経細胞活性化を調べると，神経活動の指標となる最初期遺伝子 Arc 陽性の細胞のなかで，CREB-GFP を発現する細胞の割合が有意に高かった．この結果から，CREB の機能が増大した細胞が情動記憶の獲得過程において活性化されやすいことが示唆された．また，CREB 高発現細胞を選択的に除去すると恐怖記憶が破壊

されることが報告されている[24]．これらの知見から，CREB は LTP と長期記憶の両者の形成に必要な特定の蛋白質の合成を増加させるために必須な因子であり，記憶痕跡に動員される神経細胞の選別においても重要であることが考えられている．

LA において NMDA 受容体，VGCC を介して後シナプスニューロンへのカルシウム流入が起こると，extracellular signal-regulated kinase/mitogen activated protein kinase（ERK/MAPK）がリン酸化され活性化する．ERK/MAPK のリン酸化は恐怖条件づけ 60 分後の LA において亢進され，ERK/MAPK の抑制剤を LA に投与すると恐怖記憶の固定化が阻害される[25]．ERK/MAPK シグナル伝達系により CREB が活性化され，CRE 配列をもつ標的遺伝子発現が誘導されることが，長期記憶の形成に必要であると考えられている．

1.5　恐怖記憶の維持にかかわる分子機構

記憶が固定化された後，長期記憶として維持（maintenance）するメカニズムとして，新たな蛋白質の合成に依存したシナプスや神経回路の構造変化が考えられている．神経細胞の樹状突起にはスパイン（spine）とよばれる先端が少し膨らんだ小さな突起が数多くみられる．この小さな突起のひとつひとつが，他の神経細胞から伸びてきた神経終末と結合する．LTP 誘導に伴い，GluR1 を含む AMPA 受容体がシナプスに移行し，スパインが大きくなることが 2 光子顕微鏡を用いたスライス標本での観察や，電気生理学的な実験により示されている．さらに最近では，恐怖条件づけ後の LA において，スパインの数が増え，スパインサイズが大きくなることが Ostroff らによって報告された[16]．神経細胞の樹状突起スパイン形成や成熟後のシナプス可塑性には，スパイン内のアクチン細胞骨格再編成が重要な役割を担っている．神経細胞の樹状突起スパイン内には，アクチンが大量に集積しており，アクチンの重合を抑制することにより恐怖記憶の固定化が阻害されることが報告されている[26]．恐怖条件づけ後ではアクチン結合蛋白質である profilin が大型（mashroom）のスパインに動員される[27]．また，細胞骨格の修飾蛋白質である myocin light-chain kinase は恐怖学習を抑制することが報告されている[28]．以上のことから，細胞骨格の制御にかかわる分子は学習に伴うシナプス構造の変化をもたらし，その結果，情動記憶の維持に重要な役割を果たしていると考えられている．

1.6　情動記憶の再固定化および消去にかかわる分子機構

　一度形成された情動記憶は想起に伴い不安定化し，その後蛋白質合成を伴いその記憶を再び固定化する過程（再固定化）を経て強固になっていくことが示唆されている．一方，記憶の消去も，記憶が想起された場合に観察される現象である．恐怖条件づけ成立後，想起（CSを与える時間）が短ければ記憶は再固定化され，長ければ形成された記憶は消去される[29]．つまり，想起時間の長さに応じて以下の二つのプロセスの優先性が決定されると考えられている．

a.　情動記憶の再固定化にかかわる分子機構

　想起後の記憶の再固定化は，新規蛋白質合成を必要とする．上述したように，新規蛋白質の合成にかかわる重要な分子としてCREBがある．前脳においてCREBの活性を薬剤投与により阻害可能なトランスジェニックマウスを利用して，CREBの記憶再固定化に対する機能的役割を解析した研究では，CREBが記憶の再固定化過程に必須であることが示された[30]．また，活性化型CREBを高発現するトランスジェニックマウスの解析から，CREBの活性が高まると記憶がより強く固定されることが示唆された[31]．また，記憶の固定化過程と同様に，CREBの活性化にかかわる細胞内シグナル伝達系（PKA, MAPK）やCREBの標的分子（Arc, Egr-1）などは再固定過程においても重要な機能を果たしている．

　最近，記憶が再固定化されるためには，想起後の記憶の不安定化が必要であり，この過程ではNMDA受容体がかかわることが示唆されている．想起前にNMDA受容体の拮抗剤をLAに投与すると，蛋白質合成依存的な記憶の再固定が障害され，逆に，NMDA受容体のアゴニストを投与すると再固定化が促進される[32]．記憶の再固定化過程においてNMDA受容体サブユニットのGluN2AとGluN2Bは異なる機能をもっている．GluN2Bは記憶の不安定化，GluN2Aは再固定化過程に特異的に機能していることが示唆されている[33]．

b.　情動記憶の消去にかかわる分子機構

　恐怖条件づけが成立した動物にUS非存在下でCSのみを繰り返して提示すると，条件恐怖反応が漸減し，条件づけされた恐怖記憶は消去される．恐怖記憶の消去は，CSとUSの連合を消し去るのではなく，すでに形成された連合を抑制

する能動的な学習過程であると考えられている．恐怖記憶学習と同様，消去にもNMDA受容体が重要な役割を果たしている．LAへNMDA受容体の拮抗剤であるAP5を投与することにより，恐怖記憶の消去が阻害される[34]．また，NMDA受容体のグリシン結合サイト（glycine binding site：GS）に作用する薬剤であるD-サイクロセリンは，消去訓練による記憶減弱効果を高めることが報告され[35]，NMDA受容体のGSを介するシグナル伝達系が記憶の消去機構において重要な役割を果たす可能性がある．今後はNMDA受容体のGSの内在性コ・アゴニストのひとつであるD-セリンの恐怖記憶消去における機能を研究することで，恐怖記憶の消去機構の異常が原因の一つとされるヒトの心的外傷後ストレス障害（PTSD）の新たな治療法の開発に貢献できると考えられる．

LAおよび扁桃体基底核（BA）とCeAの間にはγ-アミノ酪酸（Gamma-amino butyric acid：GABA）作動性神経の高密度集合体である介在神経集団（ITC）細胞が存在する（図1.2）．このITC細胞はCeAに対して投射している．BA神経細胞が活性化すると，CeAへグルタミン酸作動性神経伝達が行われる一方で，同時にITC細胞を経由してGABA作動性神経伝達が行われるフィードフォワード抑制が起こる．実際，ドパミンやノルアドレナリンなどの神経伝達物質は，フィードフォワード抑制を減弱させることで，LTPを増強することが報告されている[36,37]．最近，LikhticらはITC細胞にmicro-opioid receptors（microORs）が多く発現する特徴を利用して，microORsに特異的に結合するデルモルフィンにリボソームを不活化するサポリンを融合したD-Sapを用いて，ITC細胞を破壊する方法を開発した[38]．ITC細胞の生存数とextinction（消去）テスト時の恐怖反応の間に負の相関があることから，ITC細胞が恐怖記憶の消去に必要であることが示唆された．

消去訓練により低下した恐怖記憶は，一定期間後には再燃（spontaneous recovery）することがある．しかし，適当な条件下ではこの再燃が起こらなくなるということが知られており，恐怖記憶のextinctionと区別してerasureと定義されている．最近，LAにおけるカルシウム透過性AMPA受容体（calcium permeable AMPA receptor：CP-AMPAR）のシナプスからの離脱が恐怖記憶のerasureにおいて中心的な役割を担うことが報告された[39]．通常AMPA受容体はカルシウム透過性であるにもかかわらず，GluR2を含む受容体（GluR1/2や2/3といった組み合わせ）はカルシウム非透過性になる．逆にいえば，GluR2

サブユニットを含まない AMPA 受容体はカルシウム透過性である．音恐怖条件づけ群では，CP-AMPAR の電気生理学的特徴である AMPA 受容体由来興奮性シナプス後電流の内向き整流性が CP-AMPAR の選択的ブロッカーである NASPM の添加により影響される程度が naive（恐怖条件づけされていない）群より大きいことから，音恐怖条件づけ後に CP-AMPAR のシナプス膜への挿入が起こることが示唆された．恐怖記憶の想起後の数時間（1〜4時間）以内に消去訓練を行うと，恐怖記憶が erasure されることが報告されている．恐怖記憶想起後，消去訓練を行い，視床-LA 間のシナプスを電気生理学的に調べると，恐怖記憶の erasure には CP-AMPA 受容体がシナプス膜から離脱することが関与していることが示された．

1.7 LA 特異的遺伝子操作マウスの開発

上述のように，LA は情動記憶の制御において中心的な役割を果たしている．しかし，恐怖記憶の獲得，固定化および消去に関連する一連の過程で，どのよう

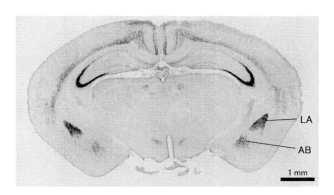

図 1.5 扁桃体外側核選択的 Cre（GRP-iCre）マウスの作製
［カラー口絵参照］
LA 特異的な遺伝子操作を実現するために，LA に選択的に多く発現する gastrin releasing peptide（GRP）遺伝子を利用し，GRP 遺伝子の翻訳開始メチオニンに遺伝子組み換え酵素 Cre 遺伝子を挿入したマウス系統（GRP-iCre）を作製した．GRP-iCre マウスを LacZ レポーターマウスと交配し，GRP-iCre+/−, LacZ(+) マウスの脳スライスを用いて x-gal 染色を行った．扁桃体内では，LA と accessory basal nucleus（AB）領域において強い Cre 活性を示す LacZ 活性（青色）が認められた．

な分子・細胞レベルの変化がLA部位で起きているのかは依然として不明な点が多い．これらの未解決の問題に取り組む手段のひとつとして，われわれはLA特異的な遺伝子操作マウスの開発に取り組んできた．今までの研究では，LAの特定の分子をターゲットとする薬物投与やウイルスベクター注入によるLAの遺伝子過剰発現あるいはノックダウン法がおもに用いられてきた．これらの従来の方法に比べ，LA特異的な遺伝子操作マウスを用いる実験系は，1）脳にカニューレを埋め込む手術を必要としないため，非侵襲的である．2）特定の遺伝子を欠損したLAニューロンの比率が高く常に一定であるため，データのばらつきが小さい．3）分子特異性ならびに部位特異性が高いなどの利点がある．

　LA特異的な遺伝子操作を実現するために，文献ならびに遺伝子発現データベースの情報をもとに，LAに選択的に多く発現する遺伝子であるgastrin-releasing peptide（GRP）を利用した[40]．GR遺伝子のプロモーターの制御下でCreを発現するマウス系統（GRP-iCre）を，脳機能解析に適したC57BL/6マウス系統由来のES細胞を用いて作製した（図1.5）．このマウス系統は，LAでの任意の遺伝子のノックアウトやCre依存的遺伝子発現マウス系統との交配による，遺伝子過剰発現や発現抑制，チャネルロドプシン発現による機能制御実験などに使用可能であり，LAがかかわる情動学習の研究に使用できると考えられる．

おわりに

　情動記憶は，獲得，固定化，再生，再固定化および消去などの過程を経て，ダイナミックに変化する．また，情動記憶は加齢，ストレス，動機，食欲といった内的・外的環境要因の影響を受けて変化することが示唆されているが，そのメカニズムに関してはまだ十分に解明されていない．今後，新たなLA特異的な遺伝子操作マウスの開発や，光遺伝学のような最先端の技術を駆使することで情動学習システムの全貌が明らかにされることが期待できる．さらに，情動学習の分子機構の解明によって，情動学習の異常と考えられている心的外傷後ストレス障害（PTSD）や，不安症などの情動障害の病態解明と治療薬の開発に道を拓くことが期待される．　　　　　　　　　　　　　　　　　　　　　　［井上　蘭・森　　寿］

文　　献

1) LeDoux J : *Annu Rev Neurosci* **23** : 155-184, 2000.

2) Bliss T. Lomo T : *J Physiol* **232** : 331-356, 1973.
3) Blair H et al : *Learn Mem* **8** : 229-242, 2001.
4) Rogan M et al : *Nature* **390** : 604-607, 1997.
5) Rosenkranz J, Grace A : *Nature*, **417** : 282-287, 2002.
6) Johansen J et al : *Proc Natl Acad Sci USA* **107** : 12692-12697, 2010.
7) Malenka R, Nicoll R : *Science* **285** : 1870-1874, 1999.
8) Tang Y et al : *Cell* **87** : 1327-1338, 1999.
9) Rodrigues S et al : *J Neurosci* **21** : 6889-6896, 2001.
10) Nakazawa T : *EMBO J* **25** : 2867-2877, 2006.
11) Bauer E et al : *J Neurosci* **22** : 5239-5249, 2002.
12) Wang H et al : *Proc Natl Acad Sci USA* **100** : 4287-4292, 2003.
13) Malinow R, Malenka R : *Annu Rev Neurosci* **25** : 103-126, 2002.
14) Rumpel S et al : *Science* **308** : 83-88, 2005.
15) Frey U, Morris R : *Nature* **385** : 533-536, 1997.
16) Ostroff L et al : *Proc Natl Acad Sci USA* **107** : 9418-9423, 2010.
17) Ploski J et al : *J Neurosci* **28** : 12383-12395, 2008.
18) Alberini C : *Physiol Rev* **89** : 121-145, 2009.
19) Stanciu M et al : *Brain Res Mol Brain Res* **94** : 15-24, 2001.
20) Josselyn S et al : *J Neurosci* **21** : 2404-2412, 2001.
21) Bourtchuladze R et al : *Cell* **79** : 59-68, 1994.
22) Reijmers L et al : *Science* **317** : 1230-1233, 2007.
23) Han J et al : *Science* **316** : 457-460, 2007.
24) Han J et al : *Science* **323** : 1492-1496, 2009.
25) Schafe G et al : *J Neurosci* **20** : 8177-8187, 2000.
26) Mantzur L et al : *Neurobiol Learn Mem* **91** : 85-88, 2009.
27) Lamprecht R et al : *Nat Neurosci* **9** : 481-483, 2006.
28) Lamprecht R et al : *Neuroscience* **139** : 821-829, 2006.
29) Suzuki A et al : *J Neurosci* **24** : 4787-4795, 2004.
30) Kida S et al : *Nat Neurosci* **5** : 348-355, 2002.
31) Suzuki A et al : *J Neurosci* **31** : 8786-8802, 2011.
32) Ben Mamou C et al : *Nat Neurosci* **9** : 1237-1239, 2006.
33) Milton A et al : *J Neurosci* **33** : 1109-1115, 2013.
34) Falls W et al : *J Neurosci* **12** : 854-863, 1992.
35) Walker D et al : *J Neurosci* **22** : 2343-2351, 2002.
36) Bissiere S et al : *Nat Neurosci* **6** : 587-592, 2003.
37) Tully K et al : *Proc Natl Acad Sci USA* **104** : 14146-14150, 2007.
38) Likhtik E et al : *Nature* **454** : 642-645, 2008.
39) Roger L et al : *Science* **330** : 1108-1112, 2010.
40) Gleb P et al : *Cell* **111** : 905-918, 2002.

2 情動発現と顔

「目は口ほどにものを言う」という諺を誰しも聞いたことがあるだろう．また，「あの人の目力はすごいね！」という表現もよく会話で耳にする．これらの表現は，ヒトは目を通して意志の強さや感情状態，意図などの他者の心の状態を認知することを意味する．このような高次の認知は社会的認知の一つと考えられている．他者がどう思っているのかを汲み取ってうまく立ち回ることが社会においてその人物の評価の一つであることからもわかるように，社会的認知は円滑な社会生活を営むために必要な心の働きである．

目を通して他者の心の状態を理解する際には，「目がどこを向いているのか？」といった，いわゆる視線の方向も重要な手がかりとなる．視線や頭の方向から他者が自分を見つめているかいないか，自分を見つめていないならば誰（もしくは，何）に注意を向けているのかを理解することは，適切な社会的認知を行うためのベースとなる能力である．本章でははじめに，顔刺激に対するニューロン応答を記録した研究を概観する．そして，顔がもつ様々な情報のなかで視線や頭の方向の情報はニューロンによってどのように処理されるのかを検討したサルの神経生理学的研究について解説し，視線認知における扁桃体の役割について検討する．最後に，自閉症と扁桃体の関与について述べ，サルを用いた神経生理学的基礎研究の意味について考察する．

2.1 顔の情報処理に特化した領域

1980年代の初めに，顔刺激に対して選択的に応答するニューロン（図2.1）がサルの上側頭溝（superior temporal sulcus：STS）に存在することが報告された[1]．このニューロンは，サルやヒトの顔画像が呈示されたときに高い発火率で応答した．顔の目の部分を消した刺激や漫画の顔に対しても，若干低くなってはいるが

2.1 顔の情報処理に特化した領域

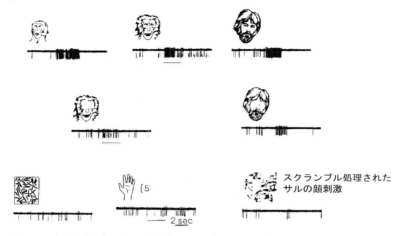

図 2.1 上側頭溝（STS）から記録された顔によく応答するニューロンのスパイク発火（Bruce et al., 1981, 改変）[1]
図の垂直線の1本1本がスパイク発火を示す．また，線画は呈示した写真の刺激をトレースしたものである．

応答した．しかし，サルの顔をスクランブル処理した刺激や図形，手に対しては応答しなかった．

上記のニューロンは顔に選択的に応答したので，顔選択的応答ニューロン（face selective neuron）と呼ぶことが多い．しかし，すべての視覚刺激に対する応答をテストすることは実際にはできないため，顔選択的応答ニューロンと断定することは論理的には正しくない[2]．厳密には，テストした刺激のなかで，他の刺激よりも有意に強く顔に対して応答したニューロンであり（本章では顔ニューロンと呼ぶ），これらの顔ニューロンはこれまでにSTS，下側頭回，腹外側前頭前野，前頭葉眼窩面皮質，扁桃体から記録された（図2.2）[2]．また，fMRIを使ってサルの脳の活動部位を調べたところ，STS，前部下側頭回，扁桃体は，スクランブルに処理された顔画像と比べて，処理されていない顔画像に対して有意に活動することが報告された[3]．

図2.2が示すように，顔ニューロンは下側頭回とSTSの広い範囲に存在するが，最近，fMRIとニューロン応答記録実験を組み合わせた研究により，このようなニューロンが密に存在する六つの狭い領域（顔パッチと名づけられている）が下側頭回とSTSに存在することが明らかになった[4~6]．さらに，顔画像と顔以外の

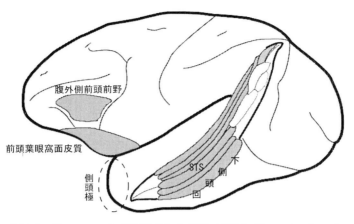

図 2.2 顔ニューロンが記録された部位（灰色）（Barraclough and Perrett, 2011, 改変）[2]
STS は脳溝なので開いて図示した．扁桃体は側頭極のなかに位置するので図示していない．

画像（いずれもぼやけている）について，顔に属するか属さないかを判断させる課題を行っているサルの下側頭皮質を電気刺激したところ，顔に対する応答選択性が高い部位を刺激した場合や，顔に対する応答選択性が高いニューロンを多く刺激した場合に，顔だと判断する傾向が強くなることが報告された[7]．これらの知見は，顔の情報処理に特化した領域が下側頭皮質に存在することを示す．

2.2 視線に応答するニューロンが含まれる脳領域

それでは，顔のパーツのなかで，その顔の個体の注意方向に関する情報をもつ視線や頭の方向に対して応答するニューロンは見つかったのだろうか．これまでに，これらの刺激に応答するニューロンは STS に存在することが報告された[8]．この研究では，頭の方向（垂直軸で回転の場合の頭の方向：正面・45°・90°（横顔）・180°（後頭部），水平軸で回転の場合の頭の方向：正面，上向き 45°，下向き 45°，下向き 90°（頭頂部））と視線の方向（正面顔の視線方向：アイコンタクト・左 45°・右 45°・上 45°・下 45°，垂直軸で 45° 回転した顔と水平軸で上下 45° 回転した顔の視線方向：アイコンタクト・頭の方向と一致）が異なる実際の顔やスライド（実験者，人形，サル，ヒト）を用いた．

そして，視線方向が頭の方向と一致する（A）正面顔（アイコンタクト）と，（B）

垂直軸で45°回転した顔（逸れた視線）の間で応答が異なるニューロンが，頭の方向と視線の方向のいずれに対して識別的な応答を示すのかをテストした．その結果，(A) に応答し，(B) に対して応答しなかった18個のニューロンは，逸れた視線をもつ正面顔には応答せず，アイコンタクトをもつ垂直軸で45°回転した顔に応答した．しかし，目の領域を隠した正面顔では応答したが，同じく目の領域を隠した垂直軸で45°回転した顔では応答しなかった．さらに，(A) に応答せず，(B) に対して応答した18個のニューロンは，逸れた視線の正面顔に応答し，アイコンタクトをもつ垂直軸で45°回転した顔に応答しなかった．しかし，目の領域を隠した正面顔では応答しなかったが，同じく目の領域を隠した垂直軸で45°回転した顔には応答した．これらのニューロンは，視線の方向を処理するが，目の領域が隠されてどこを見ているのかわからないときには，頭の方向の情報も柔軟に処理すると考えられる[9]．

　一方，上記の正面顔と垂直軸で45°回転した顔，アイコンタクトと逸れた視線の四つの組み合わせにおいて，アイコンタクトあるいは逸れた視線に識別的に応答を示したニューロン (13個) や，ある頭の方向での特定の視線をもつ刺激に対してのみ応答するニューロン (アイコンタクトをもつ正面顔にのみ応答＝3個，逸れた視線の横顔にのみ応答＝2個)，そして，一つの組み合わせにだけ応答しなかったニューロン (アイコンタクトの正面顔にだけ応答しない＝3個，逸れた視線の横顔にだけ応答しない＝4個) も見つかった．水平軸で回転した場合にも，45度上向きに回転した顔に応答したニューロン7個のうち，5個は逸れた視線に対して応答を示し，また，逸れた視線をもつ正面顔においても応答した．このように，水平軸で回転した場合にも視線に対して識別的に応答するニューロンが見つかった．さらに，正面顔と，垂直軸で45°回転した顔で応答が異なる20個のニューロンは視線方向が変化した刺激に対して識別的に応答しなかった結果も報告されたことから，STSのニューロンは視線と頭の方向の組み合わせに応じた柔軟な情報処理を行うと考えられる．

　De Souza ら (2005) は，サルにとって既知のヒト (familiar person) の正面顔の画像を呈示 (見本刺激) した後に，垂直軸に沿って左右に角度が異なった様々な人物の顔画像を呈示し，頭の方向に対する前部STSの吻側部と尾側部のニューロン応答が視線の方向によってどのように調節されるのかを分析した[10]．顔の方向が正面と，左あるいは右へ22.5°，45°，90°の計7種類で，視線の方向が顔の

方向と一致する七つの顔画像（正面顔以外は逸れた視線）に対して識別的に応答した前部 STS 吻側部のニューロン 42 個と同尾側部のニューロン 20 個について，左あるいは右へ 22.5°，45°の横顔で視線方向がアイコンタクトの場合で応答をテストした．その結果，アイコンタクトによって，ある頭の方向に対する応答が増強するタイプ，または，抑制するタイプと，左方向と右方向で非対称的に応答強度が異なっていた場合により非対称性を強めるようなタイプの 3 種類の調節が確認できた．そして，調節されるタイプの割合は吻側部と尾側部で有意に異なり，尾側部では調節されなかったニューロンの割合が半分以上であったが，吻側部は 80％以上が三つのタイプの調節を示した．これらの結果は，STS の吻側部のニューロンが視線と頭の方向の情報を結びつけて調節的な処理をすると考えられる．

　それでは，上記の研究で明らかにされた視線に識別的に応答する STS のニューロンは，アイコンタクトと逸れた視線の弁別行動に関与しているのであろうか．Heywood と Cowey（1992）は，サルの STS を吸引により破壊し，顔についての様々な課題遂行への効果を検討した[11]．その結果，顔に関するすべての課題において，STS 損傷による障害は認められなかったが，視線方向の弁別課題では損傷後に有意に成績が低下した．この課題では，頭の方向が正面と左もしくは右 20°で，それぞれの頭の方向に対して，視線の方向がアイコンタクトと左右の逸れた視線の計 3 方向ずつの刺激が用いられた．そして，アイコンタクトの顔と逸れた視線の顔をランダムに組み合わせて呈示し，アイコンタクトの顔を選択する課題であった．以上の STS の神経生理学研究や STS 破壊による行動学的研究の知見は，STS のニューロンは視線の情報を識別的に処理するけれど，頭の方向の情報も結びつけた調節的で柔軟な処理を行い，アイコンタクトと逸れた視線の弁別に役割を果たすことを示唆する．

　一方，イメージング研究では，アイコンタクトと逸れた視線に対する識別的な処理が STS において行われていないことを示す結果が報告された．サルを被験体とした fMRI 研究によると[3]，アイコンタクトと逸れた視線を組み合わせたサルの表情刺激を呈示したとき，STS と下側頭皮質はコントロール刺激と比較して，アイコンタクトと逸れた視線に対して活性化したが，これらの視線の間で活性化の強度に違いはなく，活性化した領域も大部分は重なっていた．これらの結果のなかには，アイコンタクトと逸れた視線に対する応答において重ならなかっ

た領域も少なからず散見された[3]．これらの領域が視線方向の識別的な処理に関係するのかは明らかではない．顔に応答するニューロンが密に存在する領域（顔パッチ）が下側頭回とSTSにおいて明らかにされたように，今後，fMRIとニューロン応答記録実験を組み合わせた研究により，視線方向を識別する役割を担うSTSの領域についても研究していく必要がある．

2.3 サル扁桃体ニューロンの視線と頭の方向の情報処理[12]

Leonardら（1985）は，リアルな顔や顔画像に識別的に応答する扁桃体ニューロンに対して，顔のパーツのみを呈示するテストを行い，目だけ呈示しても応答が変わらず，目を隠した場合は応答が減少することを報告した[13]．しかし，目のパーツではなく，視線方向と扁桃体のニューロン応答の関係を調べた神経生理学的研究はきわめて少なく，1990年代にはBrothersを中心とした研究グループだけが，視線方向に識別的に応答するニューロンが扁桃体に存在することを報告した[14]．彼らは，野外で飼育されているサルの様々な行動の様子を録画した動画刺激を被験体のサルに呈示し，扁桃体およびその周辺領域からニューロン活動を記録した．その結果，動画刺激の中の個体が直接カメラを見つめているとき（すなわち，被験体を見つめているとき）に応答するが，同個体が同じ姿勢で頭の方向をカメラ以外に向けているときには低い応答を示すニューロンが扁桃体基底内側核に存在することが報告されている．また，基底内側核には，ある個体が直接カメラを見つめているときに応答するが，別の個体が同じ姿勢で頭の方向をカメラ以外に向けているときには低い応答を示すニューロンも存在していた．しかし，彼らの実験ではこれらのニューロンについて詳細なテストが行われなかったので，これらのニューロンが自分に向けられた頭の方向，あるいは，特定の個体に対して応答を示した可能性もある．

筆者らは，ヒトの視線方向の継時弁別課題をサルに遂行させることによって，他者の視線と頭の方向が異なる顔刺激（図2.3A）に対する扁桃体のニューロン応答を記録した．視線方向の継時弁別課題は，同じ頭の方向，同じモデルを使用して視線方向が変化した顔刺激（ターゲット刺激）が呈示されたときにボタンを押すとサルに報酬を与えるという手続きであった（図2.3B）．ターゲット刺激が呈示されるタイミングはランダムに設定されたので，報酬を得るためにはサルは見本刺激の後に呈示される顔刺激の視線の方向を注視する必要があった．

A 実験に使用した視線と頭の方向が異なった顔刺激

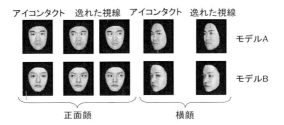

B 視線方向の継時弁別課題

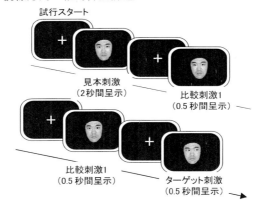

図 2.3 Tazumi ら（2010）[12] で使用された他者の視線と頭の方向が異なる顔刺激（A）と視線方向の継時弁別課題（B）の概略

　顔ニューロン 44 個について，視線と頭の方向に対して識別的に応答したかどうかに基づいて四つの応答タイプ（①視線識別応答/頭方向識別応答，②視線識別応答/頭方向非識別応答，③視線非識別応答/頭方向識別応答，④視線非識別応答/頭方向非識別応答）に分類した．図 2.4 の A，B はそれぞれ，視線識別応答/頭方向識別応答ニューロン，視線識別応答/頭方向非識別応答ニューロンの典型例のラスター表示とヒストグラムを示す．視線識別応答/頭方向識別応答ニューロン（図 2.4A）は，人物に関係なく四つの横顔に対して応答し，アイコンタクトの横顔よりも逸れた視線の横顔に対して強く応答した．視線識別応答/頭方向非識別応答ニューロン（図 2.4B）は，一方のモデルに対してのみ応答しており，横顔に対してはアイコンタクトの場合に強く応答した．

A. 視線識別応答／頭方向識別応答ニューロン

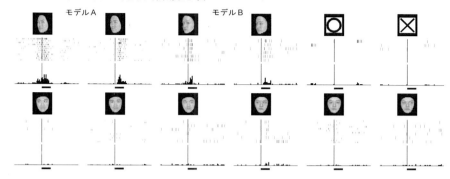

B. 視線識別応答／頭方向非識別応答ニューロン

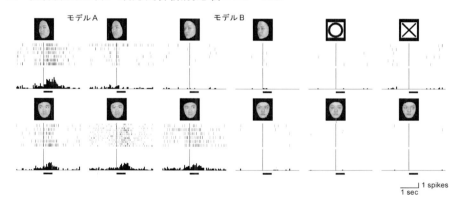

図 2.4 視線および頭の方向に対するサル扁桃体ニューロンの応答のタイプ（典型例）（Tazumi et al., 2010, 改変）[12]
上部：テストされた画像刺激．中部：各試行のラスター表示（垂直線の1本1本がスパイク発火を示す）．下部：ヒストグラム．縦軸は1試行あたりのスパイク発火数．横軸は時間経過（秒），ビン幅50 ms．縦線：刺激呈示時点．

顔のどの情報（モデル，視線方向，頭方向）が，扁桃体顔ニューロン44個の応答強度の変動を説明するのかを明らかにするために，各顔刺激に対する応答強度（呈示後500 ms 中の1秒あたりの発火頻度 − 呈示前500 ms 中の1秒あたりの発火頻度）について，顔ニューロン44個のデータで因子分析を行った．その結果，正面顔と横顔の二つの因子が抽出された（表2.1）．この結果は，サル扁桃体顔ニューロンの応答が頭の方向によって影響を受けることを示唆する．一方，各顔ニューロンの各モデルに対する応答強度を頭の方向と視線の方向別に平均し

表 2.1 顔刺激に対する扁桃体顔ニューロンの応答強度の因子分析（主因子法，バリバックス回転）

顔刺激	因子 1 正面顔	因子 2 横顔	共通性
	0.87861	0.36636	0.90618
	0.86435	0.37621	0.88864
	0.81274	0.41233	0.83056
	0.79413	0.46529	0.84714
	0.33099	**0.92420**	0.96369
	0.32499	**0.71705**	0.61977
	0.47936	**0.71553**	0.74176
	0.54655	**0.70283**	0.79269
因子寄与	3.55393	3.03652	6.59045
累積寄与率	44.44	37.95	82.39

た後に，顔ニューロン 44 個の応答強度の平均を算出した結果を図 2.5 の A と B に示す．横顔と正面顔のいずれにおいても，平均応答強度は逸れた視線の顔刺激よりもアイコンタクトの顔刺激に対して大きかった．さらに，各顔ニューロンの各モデルと顔の方向に対する応答強度を視線の方向別に平均した後に，顔ニューロン 44 個の応答強度の平均を算出した場合も同様の結果となった（図 2.5Ca）．これらの結果は，扁桃体の顔ニューロンは視線と頭の方向の両方の情報を処理することを示す．

しかし，刺激の呈示開始後の時間経過を細かく区切って分析したところ，扁桃体顔ニューロンの視線と頭の方向の情報処理に違いが見られた．刺激の呈示開始後 100 ms までの発火割合に基づいて算出した応答強度で解析した場合，顔ニューロン 44 個の平均応答強度は逸れた視線の顔刺激よりもアイコンタクトの顔刺激に対して大きかった（図 2.5Cb）．一方，刺激開始後 100 ms から 300 ms の間での応答強度では，逸れた視線の顔刺激とアイコンタクトの顔刺激の間に有意な差が認められなかった（図 2.5Cc）．同様の分析を横顔と正面顔について行ったところ，いずれの期間においても横顔と正面顔において有意な差が認められなかった．これらの結果は，扁桃体顔ニューロンがアイコンタクトの顔刺激に対して

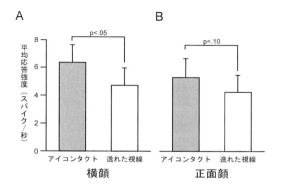

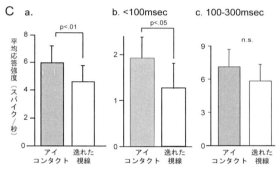

図2.5 44個のサル扁桃体顔ニューロンの平均応答強度
A, B：各モデルに対する応答強度を頭の方向と視線の方向別に平均した結果．Cのa：各モデルと顔の方向に対する応答強度を視線の方向別に平均した結果．Cのb：刺激の呈示開始後100 msまでのスパイク発火割合に基づいて，視線の方向別に平均した結果．Cのc：刺激開始後100 msから300 msの間のスパイク発火割合に基づいて視線の方向別に平均した結果．

100 ms以下の速い潜時で応答することを示す．

2.4 扁桃体顔ニューロンの機能

　以上に述べた，視線と頭の方向に対する扁桃体顔ニューロンの応答の結果から，扁桃体は視線や頭の方向の情報を時間依存的に処理する可能性がある．すなわち，視線の方向については短い潜時で処理され，頭の方向については時間をかけて処理されるのかもしれない．これらの処理のなかで，アイコンタクトの視線を速い潜時で処理することに扁桃体が関与するのであれば，それは行動上，また，脳内

の視覚情報処理経路という観点において重要な意味をもつ．視覚探索課題を用いたヒトの行動学的研究において，逸れた視線刺激が配列されるなかに，ターゲットとしてアイコンタクトの視線刺激が埋め込まれる場合は，逆の場合よりも速く検出されることが報告されている[15,16]．扁桃体は視覚情報を上丘・視床枕（外側膝状体外視覚系）経由，および，下側頭皮質（外側膝状体視覚系）経由で受け取る．下側頭皮質ニューロンの平均応答潜時が 100 ms 以上であると報告[17]されていることから，扁桃体顔ニューロンのアイコンタクトの顔刺激に対する 100 ms 以下の速い潜時での応答は外側膝状体外視覚系由来の応答の可能性がある．

最近，脳卒中により両側の一次視覚野にダメージを受け皮質盲となった患者（T. N.）の右扁桃体が他者の視線に対して活性化することが報告されている[18]．この実験では，T. N. を見つめた視線の顔画像あるいは視線が逸れた顔画像（いずれも中性表情）を呈示したときの T. N. の脳を fMRI で撮像した．呈示された顔画像の視線が自分を見つめているかそうでないかを判断させた課題では，T. N. は最終的にチャンスレベル以上の成績であったので，先行研究で示された表情画像に対する盲視[19]と同様に視線に対する盲視も生じることが確認された．そして，T. N. の右扁桃体の外側領域は，健常者に対して同じ実験を行った場合と同様に，視線が逸れた顔画像の場合よりも，アイコンタクトの場合により強く活性化した（健常者は左扁桃体も活性化した）．また，T. N. において右扁桃体と機能的に結合する脳領域を PPI（psychophysiological interaction）テクニックによって解析したところ，顔と視線の処理に関係するいくつかの脳領域（右舌状回，右側頭極，右島皮質，右海馬，青斑核）が同期して活性化していたことが明らかとなった．これらの結果は，皮質盲患者の扁桃体の活性化は一次視覚野から下側頭皮質経由によるものではなく，上丘・視床枕経由の外側膝状体外視覚系からの視覚情報の入力によるものと考えられており[20]，筆者らが報告した扁桃体顔ニューロンのアイコンタクトの顔刺激に対する速い潜時での応答の結果も外側膝状体外視覚系からの視覚情報の入力によりもたらされたと考えられる．

2.5　STS と扁桃体の機能的連携についての仮説

それでは，視線と頭の方向の情報が STS と扁桃体でどのように処理されるのであろうか．上記で解説してきた研究で報告されたニューロン応答の潜時の知見に基づいて，一つの仮説を提唱してみたい．人類の進化の過程においては，捕食

者や他個体の視線が自分に向けられていることを速く検出することが生き延びるために必要なので，自分に向けられた視線に対して迅速に対処するために，その情報が外側膝状体外視覚系から扁桃体に送られる．そして，緊急的な状況が起こった場合に迅速に対応できるように，扁桃体は情動反応に関係する脳領域に情報を送り，身体を準備状態にする．また扁桃体からSTSに送られた情報は，外側膝状体視覚系で処理された精緻な視線と頭の方向の情報と比較・処理されることで捕食者や他個体の意図の認知（自分の身体のどこに襲いかかろうとしているのか）などの高次の認知的処理が行われる．そして，高次に認知的処理された情報（頭の方向の情報も含む）は扁桃体に送られ，扁桃体は情報に応じて情動的な意味をコードし，準備状態となっている脳領域を活性化させ情動反応を発現させる．

上記の仮説において，社会的認知における扁桃体の役割は，自分に向けられた視線の速い処理と，STSで高次に認知的処理された情報に対して情動的な意味をコードすることである．扁桃体の亜核ごとのイメージングの活性化データでは，視線と表情の交互作用を示した亜核はなく，視線と表情の主効果がともに有意であったと報告されている[3]．このことから，社会的認知における扁桃体の上述した二つの役割は，表情によって視線の処理が調節されたり，表情に対して扁桃体がコードする情動的な意味が視線の方向によって異なったりするのではなく，視線の速い処理と情動的な意味をコードすることは，互いに独立して機能しているかもしれない．

2.6 社会生活における扁桃体の役割

社会場面において，他者の心の状態を理解することが円滑な社会生活を営むために必要な心の働きであり，他者の視線や頭の方向の情報はそのための重要な手がかりであることは前述した．それでは，視線や頭の方向の情報処理に関与する扁桃体が機能しなければ社会生活に支障をきたすのだろうか．

古くから，扁桃体を破壊したサルの社会集団のなかでの社会的行動が調べられている．Rosvoldら（1954）は，人工的に形成したサルの集団のなかで最も支配的な地位にいる攻撃的な個体の扁桃体を破壊すると，その個体は集団内の地位が低下したことを報告した[21]．また，Dicksら（1969）は，野生のサルの集団のなかから捕らえた個体の扁桃体を破壊し，もとの集団に戻した後の行動を観察した[22]．その結果，その個体は他個体と接触行動を示さず，接近してきたその集団

の支配的地位にいる個体を攻撃し，すぐにその集団から追い払われた．その後，集団からのサポートを受けることができずに死亡した．これらの結果は，扁桃体が円滑な社会生活を営むために重要な役割を果たすことを示唆する．しかし，このような実験室外での観察研究では，円滑に社会生活を送ることができなくなった原因を特定することは困難である．すなわち，社会生活を円滑に営むために必要な行動を発現するまでのプロセスのうち，扁桃体を損傷したことによってどのプロセスが障害されたのかを見きわめることが難しいからである．円滑な社会生活を営むためには，他者がもつ（あるいは，発する）社会的シグナル（刺激）を検出し，それに選択的に注意し，それらのシグナル情報を処理して，適切な社会的行動を行うというプロセスが必要だと思われる．この前提に従えば，前述の扁桃体損傷サルの行動から扁桃体がいずれのプロセスに関与するのか，あるいは，すべてのプロセスに関与するのかは不明である．

　Zhangら（2012）は，扁桃体損傷によって社会的行動が消失するのではなく，その行動が変化すると考えている[23]．もしこの考えが妥当であれば，上記の一連のプロセスにおいて，社会的シグナル（刺激）の検出，および，それへの選択的注意とそのシグナルの情報処理に扁桃体が関与するのかもしれない．ヒトを対象とした研究において，扁桃体に損傷を有する患者は，呈示された表情画像の目の領域に視線を向けることができず[24]，インタビュー中にインタビュアーの目を見ずに口をみた[25]と報告されている．また，呈示されたある表情に対して，幸福，驚き，恐怖，怒り，嫌悪，悲しみのいずれの表情かを判断する課題において，扁桃体損傷患者は自由に表情を見て判断するときに比べて，目の領域を見るように指示されたときに課題の成績が改善するが，指示を与えなければ再び成績が低下したと報告されている[24]．さらに最近，扁桃体損傷患者の表情画像の目の領域に視線を向けない行動は，長い持続時間（5000 ms）で呈示された場合では生じないが，短い持続時間（150 ms）の場合に生じることが明らかにされた[26]．この研究では，怒りや恐怖，幸福，中性のいずれかの表情画像を呈示するときに，扁桃体損傷患者が固視するモニターの位置よりも，上もしくは下の位置にランダムに呈示することで，目の領域もしくは口の領域へのサッケードの数の割合や，それらの領域への固視する持続時間の割合を健常者と比較している．その結果，先行研究[27]と一致して，健常者は長い持続時間の場合に目の領域への固視持続時間やサッケード数の割合が口の領域へのそれらよりもいずれの表情においても大

きかったが、幸福の表情ではその差が小さかった。一方，右扁桃体が脱落している患者（M. W.）も長い持続時間の場合では健常者と同じ結果であった。しかし，短い持続時間の場合では，健常者はサッケードの数の割合において長い持続時間の場合と同じ結果であったが，M. W. は刺激の呈示終了後にサッケードが生じただけであった。これらの結果は，M. W. は反射的に注意を目の領域に向けることができないが，自発的に注意を目の領域へ向けることができることを示す。Gamer ら（2013）は，インタビュー中にインタビュアーの目を見ずに口をみた扁桃体損傷患者の場合[25]，両側の扁桃体が損傷されていたことから，残っている左扁桃体によって，M. W. は自発的に注意を目の領域へ向けることができた可能性があると考察している[26]。

　一方，サルにおいて，呈示された同種他個体の顔画像に対する固視行動と扁桃体容量（脳全体の容量に対する割合）が関係することが報告されている[23]。具体的には，同じ個体の異なった角度からの顔画像を 3 回連続で呈示し，各 10 秒間の呈示期間における目の領域への固視持続時間，固視回数，固視までの潜時を測定した。目の領域への三つの固視行動の測度と扁桃体容量の相関を各回の呈示時と 3 回の呈示の平均値についてそれぞれ求めたところ，ほぼすべての相関係数において顔の領域への固視行動の場合よりも強い相関関係（固視持続時間と固視回数は正の相関，固視までの潜時は負の相関）があることが明らかとなった。さらに，顔の領域への固視行動に対する目の領域への固視行動の割合を三つの測度について算出し，扁桃体容量との相関を求めたところ，固視持続時間と固視回数は扁桃体容量と有意な正の相関が認められた。また，健常者を対象としたイメージング研究では，扁桃体の活性化の程度と目の領域へサッケードする傾向に相関が見いだされている[28]。以上に述べた研究の結果は，扁桃体が目の領域からのシグナルの検出，および，それへの選択的注意に関与することを示唆する。

　それでは，Rosvold ら（1954）[21] や Dicks ら（1969）[22] の扁桃体損傷ザルは他個体の目の領域からのシグナルを検出し，それに選択的に注意することができなくなったために，適切な社会的行動を行うことができなくなったのであろうか。最近，ビデオに映る他個体の目の領域を見ているサルの扁桃体ニューロンは強く応答し，そのサルが他のところに目を移すと応答が止まることが報告された[29]。さらに，これらのニューロンの強い応答はビデオの他個体がカメラを見つめているときに生じていた。以上のヒトやサルのさまざまな研究の知見を総合的に考え

ると，サルの扁桃体は目の領域からのシグナルの検出，および，それへの選択的注意に関与しており，Rosvoldら（1954）[21]やDicksら（1969）[22]の扁桃体損傷ザルはこれらのプロセスが機能しないために適切な社会的行動を行うことができなくなったと考えられる．

しかし，筆者らは，サルの扁桃体は目の領域からのシグナルの検出やそれへの選択的注意に加えて，視線方向の情報処理にも関与すると考えている．筆者らがサル扁桃体から記録した顔に応答する顔ニューロン44個は，視線非識別応答ニューロンが26個，視線識別応答ニューロン18個に分類された．視線非識別応答ニューロンは，目の領域に対して応答したと考えることもできるが，前述した視線方向の継時弁別課題の性質から，目の領域以外の顔の領域に対して応答したかどうかは確かめられていないため，はっきりと断定することはできない．一方，アイコンタクトと逸れた視線の顔刺激のいずれにおいても，被験体のサルは目の領域を見ていたことから，視線識別応答ニューロンは社会的シグナル（視線方向）情報を処理すると考えられる．

筆者らの考えを支持する研究も扁桃体損傷患者の実験で報告されている．健常者では，モニター上で視線方向が右，左，あるいは，正面のいずれかの線画の顔が呈示された後に，視線方向と一致した位置に呈示されたターゲットの検出は，一致しない位置に呈示された場合よりも速いことが確認されており[30]，目の領域だけの線画や矢印の場合でも同様のことが確認されている[31]．この現象は，手がかり効果（cueing effect）と呼ばれており，方向を示す刺激が注意のシフトを引き起こすことによって生じると考えられている．Akiyamaら（2007）は，片側の扁桃体が損傷されているヒトが矢印の場合に手がかり効果を示すが，顔や目の領域だけの線画ではそのような効果が認められなかったことを報告している[32]．片側扁桃体損傷患者は健常者と同様に，方向を示す刺激の呈示からターゲットの呈示までの時間が長くなると手がかり効果が消失することから，顔や目の領域だけの線画への注目が健常者とは異なっていた可能性は少ないと考えられる．これらの結果は，片側の扁桃体損傷患者が注意シフト障害により顔や目の領域だけの線画の場合に手がかり効果が生じなかったのではなく，顔や目の線画が示す方向の情報の処理障害によって生じたことを示唆する．

また，最近，Gothardら（2012）は，サルの顔，ヒトの顔，花，図形をそれぞれ二つの画像（計8個）を試行ごとにランダムに円形状に配置して被験体のサル

に呈示し，自由にそれらをスキャンしているときの扁桃体ニューロン応答について興味深い結果を報告した[33]．被験体のサルが中央の固視点から最初のサッケードで見た刺激の割合は，サルの顔が60%，ヒトの顔が22%であった．この報告時点で，Gothardら（2012）は47個のニューロン応答を記録したが，応答が変化したのはサッケードを行う前ではなく，サッケード後であったと報告した[33]．47個のうち，51%のニューロンは刺激を固視したタイミングで応答が変化し，そのうち88%のニューロンはサルの顔の場合に応答の変化を示した．最初のサッケードでサルの顔をよく見たという結果は，円形状に配置された刺激を呈示したときに固視点を見ている被験体のサルは社会的刺激を検出したと考えられる．にもかかわらず，記録されたニューロンの応答が変化したのはサッケードを行う前ではなくサッケード後であったという結果は，これらのニューロンが社会的刺激の検出およびそれへの選択的注意に関係するのではなく，刺激がもつ社会的関連性の違いに識別的に応答したことを示す．

顔刺激と目の領域を社会的刺激として同等に扱うことはできないが，Gothardら（2012）のようなアイデアを用いた今後のさらなる研究によって，適切な社会的行動を行うという一連のプロセスにおいて，サルの扁桃体が視線方向の情報処理に関与する可能性を明らかにする必要がある．

2.7 扁桃体と自閉症

アスペルガー症候群のヒトは，怒りや嫌悪といった特定の情動を認知することに障害を示すことが報告されている[34]．また，自閉症の人々は社会的なかかわりにおいて不適切な行動を示す[35,36]．このように自閉症は社会的認知機能が障害された発達障害の代表的疾患であり，教育現場においても発達障害の児童や生徒に対する支援が必要になっている．そして，自閉症のヒトは扁桃体に解剖学的な異常があり[37~39]，大脳皮質との機能的結合性が減弱している[40]ことから，自閉症と扁桃体障害との関連が示唆される．

自閉症のヒトは，情動認知障害や社会的なかかわりでの障害以外にも，アイコンタクトの視線の検出に障害を示し[41]，他者とのアイコンタクトが障害されている[42]ことが報告されている．さらに，自閉症のヒトは目の領域の画像からその人物の心の状態を推測させる課題において左の扁桃体の活動が減少することが示されている[43]．一方で，自閉症児では扁桃体の活動が亢進しているとの報告も

ある．Dalton ら（2005）は，表情識別課題遂行中の自閉症児の扁桃体の活動を fMRI で撮像したところ，健常児と比較して扁桃体の活動が亢進しており，顔画像の目の領域への固視時間と扁桃体の活動に正の相関が認められたと報告している[44]．Dalton ら（2005）は，目の領域の視覚情報が自閉症児の扁桃体を過剰に亢進させるので，自閉症児は扁桃体を興奮させないようにするために目の領域を見ないようにしていると解釈している[44]．

一方，最近，自閉症のヒトを対象として，扁桃体ニューロン応答の神経生理学的研究が報告された．Rutishauser ら（2013）は，自閉症スペクトラム障害を併発したてんかん患者（2 名：自閉症群）に，顔刺激（Full）や目や口だけが露出したパーツ刺激，そして，バブル刺激を呈示し，表情の種類を答えさせる課題を遂行中に，臨床的に埋め込まれた電極から扁桃体のニューロン活動を記録した[45]．バブル刺激とは，ある表情画像がマスクされて呈示されるが，マスク上の複数の位置に穴が空いており，そこから露出された顔のパーツから表情の種類が判断される刺激である[46]．この研究では，コントロール群として，自閉症スペクトラム障害はないが，てんかん症状をもつ患者（8 名）からも同様に扁桃体のニューロン活動を記録した．その結果，自閉症群から 37 個，コントロール群から 54 個のニューロンを解析の対象とした．バブル刺激が呈示された各試行における穴の空いた領域と反応時間や正答率について分析したところ，自閉症群のバブル刺激の判断は目の領域の利用に失敗しており，ほとんどが口の領域の利用に依存したことが明らかとなった．コントロール群は目の領域と口の領域を利用した．バブル刺激が呈示された試行におけるニューロンの応答と穴の空いた領域との関係で分析し，顔のどの特徴がニューロン応答の調節に関与するかを調べたところ，顔の特徴によって有意に調節されるニューロン（自閉症群；16/37，コントロール群 10/54）において，自閉症群は口の領域によって調節されるニューロンが有意に多く，コントロール群は目の領域によって調節されるニューロンが有意に多かった．各群のすべてのニューロン（自閉症群；37，コントロール群 54）において，バブル試行での口の領域の調節度の平均を算出したところ，コントロール群よりも自閉症群で有意に高かったが，目の領域ではコントロール群よりも自閉症群で有意に低かった．また，目の領域によって調節されるニューロンの割合は，コントロール群よりも自閉症群において有意に少なかった．バブル課題において顔の特徴によって有意に調節されたニューロン 26 個のうち，顔刺激（Full）に

選択的に応答したニューロンは2個であり，ほとんど重なっていなかった．以上のように，自閉症群は口の領域を中心とした異常なニューロン応答を示し，また，口の領域に依存した異常な課題遂行を示すという結果は，自閉症群は通常とは異なった顔の情報処理を行っていることを示唆する．この研究では，自閉症群の口の領域を中心とした異常なニューロン応答が，顔を固視する領域の違いや空間への注意の割り当ての違いによってもたらされたのではないことを詳細に示した．

自閉症と扁桃体の活動（減少なのか亢進なのか，それとも，情報処理異常なのか）については十分に理解されていないが，ヒトの扁桃体は，前節で論じたサル扁桃体の役割と異なり，他者の目からの情報への選択的注意や処理に関与しており，自閉症ではこれらの処理が障害されている可能性がある．ただし，自閉症患者において扁桃体の解剖学的異常や活動異常が認められたという知見は，扁桃体の異常だけが自閉症と関係することを意味しない．実際に，扁桃体損傷をもつ女性はアイコンタクトを避けるけれども，自閉症の症状を示さないことが報告されている[24]．自閉症には扁桃体を含めた神経機構の機能不全が関係すると考えられる[9]．

最近，保護者がビデオを通して乳児と自然なかかわりを行うシーンに対して，乳児が目の領域を見るかどうかを生後2カ月から調べた縦断研究が報告された[47]．36カ月齢で自閉症スペクトラム障害と診断された乳児は，健常児として発達した乳児と同じように発達初期では目の領域を見るけれども，生後2カ月〜6カ月にかけて急速に目の領域を見る行動だけが減少した．これらの結果は，自閉症スペクトラム障害を早期にスクリーニングできる可能性を示唆するとともに，生まれたときから先天的に神経機構の機能不全があり自閉症が発症するのではなく，生後の脳の成長の過程で神経機構が機能不全になることを示している．この機能不全は遺伝的に規定されている可能性があるけれども，早期に介入するなどの生後の環境によって機能不全を阻止できる可能性があり，今後さらなる研究が期待される．

おわりに

筆者は大学での講義中，大教室の前の方に座っている1人の学生を見つめながら問いかけをすることがあり，ほとんどの学生は自分への問いかけだと判断してうなずいてくれる．これは，学生が筆者の視線や頭の方向から「先生は自分自身

に注意を向け，問いかけている」ことを認知することで可能となるコミュニケーションである．ヒトは，視線や頭の方向から他者が自分を見つめているかいないか，自分を見つめていないならば誰（もしくは，何）に注意を向けているのかを認知できるが，本章で解説した研究で被験体として用いられたサル（マカクザル）もこのような認知ができるのであろうか．もしマカクザルがこのような認知ができなければ，視線や頭の方向に対するニューロンの情報処理様式を侵襲的に調べるよりも，ヒトの脳活動をfMRIなどで計測する方が上記の認知に関与する神経機構の解明にとっては近道かもしれない．

本章では取り上げなかったが，マカクザルには他個体が自分を見ているか見ていないかを認知する能力が備わっている可能性が行動学的研究によって明らかにされている[48~50]．他者が自分以外の誰（何）に注意を向けているのかを認知するためには，他者の視線の動きを追いかけて，他者が注意を向けているものに自分も注意を向ける必要がある．他者の視線の動きを追いかけることは視線追従（gaze following）と呼ばれており，マカクザルはヒトと同じように年齢とともに視線追従行動が発達することを示した研究も報告されている[51,52]．一方，他者が注意を向けているものに自分も注意を向けるということは，他者が注意を向けているものと同一の対象に自分が注意を向けていることを理解していることを意味する[53]．これは2者間で成立する共同注意（joint attention）を一方の立場から見た場合である．マカクザルは他者の視線の方向から他者が見ることができるものとできないものを理解している可能性を示す行動学的研究の結果も報告されている[54]．これは共同注意をマカクザルが示すための前提となる能力である．さらに近年，マカクザルは，他者の視線の方向から他者が特定の刺激を見ていることを理解している可能性を示す証拠も報告されている[55]．

まとめると，マカクザルは他者が自分以外の誰（何）に注意を向けているのかを認知するために必要な能力は備わっていると筆者は考えている（しかし，より十分な検討が必要とする指摘[56]がある）．したがって，視線や頭の方向に対するマカクザルのニューロン活動を記録する研究は，このような認知に関与する神経機構の解明に寄与する．このように，行動学的研究が神経生理学的研究と並行して進み，その認知機能はヒト固有の能力なのか，それとも，進化の過程で維持されてきた，あるいは，ヒトにおいては失われた認知能力なのかを踏まえた上で，動物を対象にした侵襲的脳研究を進めていく必要がある．また，マカクザルの

ニューロン活動を記録する際に，研究ターゲットである認知能力を必要とする行動課題を開発し，行動データとニューロン活動から心の実体をとらえていく必要があるだろう．

　他者の心の状態の推測などのヒトの高次な社会的認知をマカクザルができるかどうかは不明であり，それを可能にする神経機構もマカクザルで機能しているのかも不明である．しかし，マカクザルがもつ基本的な社会的認知はこれらの高次認知のベースとなる能力であり，マカクザルの扁桃体とSTSを含む神経機構が機能的に進化したことによって，ヒトの高次認知が実現した可能性は高い．ヒトを用いたイメージング研究では，これらの高次認知を実現する神経機構に含まれる脳部位の活性化のデータは錯綜していることが指摘されている[9]．このような状況からも，実験環境の統制可能性や，脳の測定中に脳の活動に影響を与える言語などの認知活動が入り込む可能性の少ないマカクザルを用いた神経生理学的研究の知見を積み上げたほうが，ヒトの高次認知の神経機構の理解への近道かもしれない．

[田積　徹]

文　献

1) Bruce C et al：Visual properties of neurons in a polysensory area in superior temporal sulcus of the macaque. *J Neurophysiol* **46**(2)：369-384, 1981.
2) Barraclough NE, Perrett DI：From single cells to social perception. *Philos Trans R Soc Lond B Biol Sci* **366**(1571)：1739-1752, 2011. doi：10.1098/rstb.2010.0352.
3) Hoffman KL et al：Facial-expression and gaze-selective responses in the monkey amygdala. *Curr Biol* **17**(9)：766-772, 2007.
4) Tsao DY et al：Faces and objects in macaque cerebral cortex. *Nat Neurosci* **6**(9)：989-995, 2003.
5) Tsao, DY et al：A cortical region consisting entirely of face-selective cells. *Science* **311**(5761)：670-674, 2006.
6) Moeller S et al：Patches with links：a unified system for processing faces in the macaque temporal lobe. *Science* **320**(5881)：1355-1359, 2008.
7) Afraz SR et al：Microstimulation of inferotemporal cortex influences face categorization. *Nature* **442**(7103)：692-695, 2006.
8) Perrett DI et al：Visual cells in the temporal cortex sensitive to face view and gaze direction. *Proc R Soc Lond B Biol Sci* **223**(1232)：293-317, 1985.
9) Itier RJ, Batty M：Neural bases of eye and gaze processing：the core of social cognition. *Neurosci Biobehav Rev* **33**(6)：843-863, 2009.
10) De Souza WC et al：Differential characteristics of face neuron responses within the anterior superior temporal sulcus of macaques. *J Neurophysiol* **94**(2)：1252-1266, 2005.
11) Heywood CA, Cowey A：The role of the 'face-cell' area in the discrimination and

recognition of faces by monkeys. *Philos Trans R Soc Lond B Biol Sci* **335**(1273): 31-37; discussion 37-38, 1992.
12) Tazumi T et al: Neural correlates to seen gaze-direction and head orientation in the macaque monkey amygdala. *Neuroscience* **169**(1): 287-301, 2010.
13) Leonard CM et al: Neurons in the amygdala of the monkey with responses selective for faces. *Behav Brain Res* **15**(2): 159-176, 1985.
14) Brothers L, Ring B: Mesial temporal neurons in the macaque monkey with responses selective for aspects of social stimuli. *Behav Brain Res* **57**(1): 53-61, 1993.
15) Doi H, Ueda, K.: Searching for a perceived stare in the crowd. *Perception* **36**(5): 773-780, 2007.
16) Senju A: Does perceived direct gaze boost detection in adults and children with and without autism? The stare-in-the-crowd effect revisited. *Vis Cogn* **12**(8): 1474-1496, 2005.
17) Kiani R et al: Differences in onset latency of macaque inferotemporal neural responses to primate and non-primate faces. *J Neurophysiol* **94**(2): 1587-1596, 2005.
18) Burra N et al: Amygdala activation for eye contact despite complete cortical blindness. *J Neurosci* **33**(25), 10483-10489, 2013.
19) Pegna AJ et al: Discriminating emotional faces without primary visual cortices involves the right amygdala. *Nat Neurosci* **8**(1): 24-25, 2005.
20) Tamietto M et al: Subcortical connections to human amygdala and changes following destruction of the visual cortex. *Curr Biol* **22**(15): 1449-1455, 2012.
21) Rosvold HE et al: Influence of amygdalectomy on social behavior in monkeys. *J Comp Physiol Psychol* **47**(3): 173-178, 1954.
22) Dicks D et al: Uncus and amiygdala lesions: effects on social behavior in the free-ranging rhesus monkey. *Science* **165**(3888): 69-71, 1969.
23) Zhang B et al: Amygdala volume predicts patterns of eye fixation in rhesus monkeys. *Behav Brain Res* **229**(2): 433-437, 2012.
24) Adolphs R et al: A mechanism for impaired fear recognition after amygdala damage. *Nature* **433**(7021): 68-72, 2005.
25) Spezio ML et al: Amygdala damage impairs eye contact during conversations with real people. *J Neurosci* **27**(15): 3994-3997, 2007.
26) Gamer M et al: The human amygdala drives reflexive orienting towards facial features. *Curr Biol* **23**(20): R917-918, 2013.
27) Scheller E et al: Diagnostic features of emotional expressions are processed preferentially. *PLoS One* **7**(7): e41792, 2012.
28) Gamer M, Büchel C: Amygdala activation predicts gaze toward fearful eyes. *J Neurosci* **29**(28): 9123-9126, 2009.
29) Zimmerman PE et al: Looking at the eyes engages single unit activity in the primate amygdala during naturalistic social interactions. Society for Neuroscience Abstract, 402. 02, 2012.
30) Hori E et al: Effects of facial expression on shared attention mechanisms. *Physiol Behav* **84**(3): 397-405, 2005.
31) Tipples J: Eye gaze is not unique: Automatic orienting in response to uninformative arrows. *Psychon Bull Rev* **9**(2): 314-318, 2002.

32) Akiyama T et al : Unilateral amygdala lesions hamper attentional orienting triggered by gaze direction. *Cereb Cortex* **17**(11) : 2593-2600, 2007.
33) Gothard KM et al : Single unit activity in the primate amygdala discriminates social stimuli in a complex scene. Society for Neuroscience Abstract, 402. 04, 2012.
34) Ellis HD, Leafhead KM : Raymond : a study of an adult with Asperger syndrome. In Methods in Madness : Case Studies in Cognitive Neuropsychiatry (Halligan PW, Marshall JC eds), Hove, UK : Psychology Press. pp 79-92, 1996.
35) Attwood A et al : The understanding and use of interpersonal gestures by autistic and Down's syndrome children. *J Autism Dev Disord* **18**(2) : 241-257, 1988.
36) Kobayashi R, Murata T : Behavioral characteristics of 187 young adults with autism. *Psychiatry Clin Neurosci* **52**(4) : 383-390, 1998.
37) Bauman ML, Kemper TL : Limbic and cerebellar abnormalities : coconsistent findings in infantile autism. *J Neuropathol Exp Neurol* **47** : 369, 1988.
38) Abell F et al : The neuroanatomy of autism : a voxel-based whole brain analysis of structural scans. *Neuroreport* **10**(8) : 1647-1651, 1999.
39) Schumann CM, Amaral DG : Stereological analysis of amygdala neuron number in autism. *J Neurosci* **26**(29) : 7674-7679, 2006.
40) Welchew DE et al : Functional disconnectivity of the medial temporal lobe in Asperger's syndrome. *Biol Psychiatry* **57**(9) : 991-998, 2005.
41) Howard MA et al : Convergent neuroanatomical and behavioural evidence of an amygdala hypothesis of autism. *Neuroreport* **11**(13) : 2931-2935, 2000.
42) Leekam SR, Ramsden CA : Dyadic orienting and joint attention in preschool children with autism. *J Autism Dev Disord* **36**(2) : 185-197, 2006.
43) Baron-Cohen S et al : Social intelligence in the normal and autistic brain : an fMRI study. *Eur J Neurosci* **11**(6) : 1891-1898, 1999.
44) Dalton KM et al : Gaze fixation and the neural circuitry of face processing in autism. *Nat Neurosci* **8**(4) : 519-526, 2005.
45) Rutishauser U et al : Single-neuron correlates of atypical face processing in autism. *Neuron* **80**(4) : 887-899, doi : 10.1016/j.neuron.2013.08.029, 2013.
46) Gosselin F, Schyns PG : Bubbles : a technique to reveal the use of information in recognition tasks. *Vision Res* **41**(17) : 2261-2271, 2001.
47) Jones W, Klin A : Attention to eyes is present but in decline in 2-6-month-old infants later diagnosed with autism. *Nature* **504**(7480) : 427-431, 2013.
48) Keating CF, Keating EG : Visual scan patterns of rhesus monkeys viewing faces. *Perception* **11**(2) : 211-219, 1982.
49) Sato N, Nakamura K : Detection of directed gaze in rhesus monkeys (*Macaca mulatta*). *J Comp Psychol* **115**(2) : 115-121, 2001.
50) Perrett DI, Mistlin AJ : Perception of facial characteristics by monkeys. In Comparative Perception (Stebbins WC, Berkley MA eds), New York : John Wiley. pp. 187-215, 1991.
51) Emery NJ et al : Gaze following and joint attention in rhesus monkeys (*Macaca mulatta*). *J Comp Psychol* **111**(3) : 286-293, 1997.
52) Ferrari PF et al : The ability to follow eye gaze and its emergence during development in macaque monkeys. *Proc Nat Acad Sci USA*, **97**(25) : 13997-14002, 2000.
53) 遠藤利彦:総説:視線理解を通して見る心の源流. 読む目・読まれる目―視線理解の進化

と発達の心理学―(遠藤利彦編著),東京大学出版会,pp.11-66, 2005.
54) Flombaum JI, Santos LR:Rhesus monkeys attribute perceptions to others. *Curr Biol* **15**(5):447-452, 2005.
55) Goossens BMA et al:Gaze following in monkeys is modulated by observed facial expressions. *Anim Behav* **75**(5):1673-1681, 2008.
56) Rosati AG, Hare B:Looking past the model species:Diversity in gaze-following skills across primates. *Curr Opin Neurobiol* **19**(1):45-51, 2009.

3 情動発現と脳発達

　われわれはなぜ喜怒哀楽の感情（情動）を有するのであろうか．ダーウィンは19世紀に『種の起源』で自然選択説を唱え，生存に適した特性を有する子孫が生き延び，世代が経るに従い，その特性が発達することにより種が分離するとした．彼の説によると，哺乳類は，情動行動などの共通の行動特性を備えていることから，共通の祖先から発達し，共通の神経系を備えていることになる．すなわち，情動行動の生物学的意義は，個体の生存確率を高めること（個体維持）と種族保存にあり，それゆえヒトを頂点としてすべての動物は情動を発達させてきたと考えられる．また，ダーウィンは著書『人間と動物の情動表出』において，様々な動物やヒトの情動表出を比較した結果，それらに共通性がみられることを見いだし，ヒトの情動表出は後天的に習得したものでななく遺伝的（本能的）に備わったものであると考えた．

　近年，これらダーウィンの仮説が再び見直されている．とくに喜び（幸福），驚き，恐れ，悲しみ，怒り，および嫌悪などの情動は基本情動（basic emotion）と呼ばれ，言語に関係なく世界各国で共通に認められることが報告されている[1]．これらの情動は，動物やヒトが自然界で生存していくためにはなくてはならない特性であり，その機能的役割は個体の生存確率を高めることにあると推測される．たとえば，恐怖および喜びは，それぞれ罰（あるいは嫌悪刺激：生存を脅かす天敵，肉食獣など）および報酬（生存に必要な食物や水あるいは同種の仲間など）が与えられたときの精神身体的反応であり，怒りおよび安心感は，予定されていたそれぞれ報酬および罰刺激が省略あるいは中途中止されたときの精神身体的反応である．また，嫌悪の表情は，食物などが汚染されており，食すると身体機能が障害される可能性があることを，驚きの表情は，予期しない新奇なできごとが起こったことを示している．これらの情動が動機（モチベーション）となり，すなわち

喜びや幸福などの快情動により報酬は追い求め（接近行動），恐怖や嫌悪などの不快情動により罰刺激は避けようとする（回避あるいは逃避行動）．さらに，扁形動物やハエなどの昆虫においても，接近および回避行動が認められる．これらのことから，動物では個体生存が行動の基本原則になっており，情動は個体の生存という観点から感覚入力情報を評価し，個体維持のために行動を発揚させ，行動の動機を形成していると考えられる．

　一方，集団生活（社会生活）を行う哺乳類では情動が進化し，とくに表情や顔識別など社会的刺激を生存のために評価する社会的認知機能が発達している．社会では，個体間の相互作用やコミュニケーション（社会生活）が個体の生存に最も重要な要因である．この個体間の相互関係において，相手の表情や仕草ならびに言動などから，相手の情動（感情），意図や思考を理解し，将来起こりうる行動を予測する認知機能が，社会的認知機能である．すなわち，社会的認知機能により，顔表情や動作から相手の情動と行動を推測し，また，表情表出により相手に自己の情動を伝えることで生存する確率が増大すると推測される．さらに，集団生活では，自己の情動をそのまま表出しないで他者と協調した方が生存に有利である場合がしばしばある．これは，情動の制御機能として知られている．これら社会的認知機能と情動制御は生後に発達する脳機能であり，乳幼児は様々な社会的，文化的影響のもとに成長していく．生後早期には，両親との関係が乳児の生存と成長にとって最も重要であり，ひいては種の存続にもかかわっている．成長するにしたがい，乳児はより大きな集団（社会）のなかで生きていくことになる．逆に社会的刺激が欠如した状態で生育すると乳児の脳発達が障害され，霊長類では社会行動や情動機能に深刻な障害がもたらされることが報告されている[2]．

　上記成長過程において，情動発達が著しい時期がある．生後，親を含めた他個体と社会的な接触を始める乳児期と，性成熟を迎える思春期を含み社会的な独立に向かう青年期には，脳機能がダイナミックに変化する．とくに思春期を含む青年期には，筋骨格系のみならず神経系や内分泌系にも構造的および機能的な変化がみられ，それに対応した脳機能の変化が顕著となる．これらの時期にヒトは，生得的脳機能を，他者との相互関係が存在する複雑な社会環境に適応できるように変化させると考えられる．本章では，とくにダイナミックに変化する乳幼児期と青年期（思春期を含む）の情動発達，ならびにそれを支える神経系について概説する．

3.1 社会的刺激認知の発達

ヒトは生後，様々な感覚器官の機能が著しく発達し，生きるための様々な機能を身につける．とくに，エリクソンの発達理論[3]でいうところの乳児期（第1段階；0歳〜1歳半）から学童期（第4段階；7歳〜12歳）に相当する時期，および青年期（第5段階；13歳〜20歳）には，それぞれ社会的刺激（顔や表情）の認知機能および情動制御機能がダイナミックに変化し，その後の人格形成において重要な時期である（図3.1）．

a. 幼少期における社会的認知機能の発達

乳児期（0歳）から幼児前期（3歳）までは，養育者とのかかわりのなかで様々な機能が急激に発達する．胎生期には母親の体内環境がおもな環境刺激であり，母親の健康状態や精神状態によって胎児を取り巻く環境も異なる．いいかえるならば，胎生期に胎児は母親と胎盤を介して物質レベルでコミュニケーションしていることになる．しかし出生後，新生児は新しい外界環境で，母親をはじめ養育者との間に社会的なかかわりが必要となってくる．乳児は，自分の意志や感情（空腹である，眠いなど）を行動で表現して養育者に伝達し，さらに自分の養育者は誰であり，その養育者が何を感じ，何を考えているなどの他者（養育者）の意思

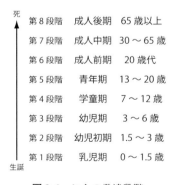

図3.1 ヒトの発達段階
ヒトの発達段階には諸説あるが，ここではエリクソンの発達理論をもとに分類した．情動の発達が著しいのは第1段階の乳児期および思春期が含まれる青年期である．

を推測する能力が生存のために必要となる．したがって，ヒトの初期脳機能としては，自己の情動発現だけでなく他者の考えや感情を推測する社会的認知機能がとくに重要である．実際，ヒトの社会的認知機能は出生直後から発達を続け，1歳程度までは急激に発達するといわれている[4]．

ヒトは，生まれた直後から社会的な刺激を識別しているらしい．その証拠に，ヒト新生児は顔様の刺激を好んでより長く注視することが知られている[5]．このことからヒトは，顔などの社会的な視覚刺激の処理機能を生得的に有していることが示唆される．この機能は，母親を含む周囲の大人（養育者）の顔に対して注意を向けることを可能にする．実際，顔の刺激のなかでも，自己の母親の顔に対してより長く注視することが報告されている[6]．また，生後36時間の新生児を用い，女性モデルの顔表情が変化した際に，新生児の注視時間が有意に長かったことから，顔表情も識別できることが示唆されている[7]．しかし，この研究では繰り返し測定による馴化の問題や対照の設定など，実験手続き上いくつかの問題点も指摘されており，新生児が本当に顔表情を識別しているのか疑問視されている．他研究では，新生児は頭髪，目，鼻および口の識別はできるが，表情などの詳細は識別できず，顔をぼんやりとした映像（低空間解像度成分）として知覚している可能性が示唆されている[8]．

3カ月齢のヒト乳児を対象とした研究では，幸福と驚愕[9]あるいは幸福と怒り[10]の顔表情を識別できることが報告されている．これらの研究では，馴化や対照の設定など，実験手続き上の問題が解消されており，より信憑性は高い．さらに，3カ月齢では，幸福の顔表情の表出強度を識別できることが報告されている[11]．しかし，この時期の乳児は，他者の顔表情の違いを識別していても，その意味まで認知しているか否かは明らかでない．

4カ月齢となると，怒りや中性の顔表情に比べ，幸福の顔表情をより長く注視するようになる[12]．さらに，その笑顔に歯が見えるとより長く注視する[13]．幸福の顔表情だけでなく，恐怖の顔表情についても識別能が向上し，4カ月齢の乳児は恐怖の顔表情の表出強度を識別できることが報告されている[14]．

6カ月齢となると，恐怖だけではなく幸福や怒りなど様々な顔表情の表出強度を識別できるようになる[15]．この月齢になると視覚能力が向上し，顔表情の識別に十分な視覚能力が備わる[16]．

それでは，乳児はどれだけ顔表情の意味を認知しているのであろうか．顔表情

3.1 社会的刺激認知の発達

に含まれる他者の情動，すなわち社会的な意味を認知するためには，顔表情が個人に特有の形態ではなく，自らとかかわりのある人々の間で普遍的であることを理解する必要がある．上記の研究結果では，乳児が顔表情の形態的な違いを識別していたのか，あるいはそこに含有される社会的な意味を識別していたのかは不明である．乳児が顔表情に含まれる意味を認識しているか否かは，乳児が顔表情の範疇化が行えるかを検証することで判断できる．Nelson らは，新生児が他者の顔表情を範疇化し，意味認知を行っている可能性を検討している[17]．彼らの実験では，7 カ月齢の乳児に見本モデル 2 人の幸福の顔表情を見せた．その後，別のテストモデル 2 人を用い，それぞれ幸福と恐怖の顔表情を呈示した．その結果，7 カ月齢の乳児はテストモデルの恐怖の顔表情を幸福の顔表情より長く注視していた．乳児は，新奇な刺激を長く見つめる傾向があり，2 回目の異なるモデルの表情を呈示したときに，モデルは異なっていても同様の幸福の表情と認め，新しい表情である恐怖表情を長く見つめたと推測される．また，5 カ月齢であっても，幸福の顔表情を範疇化することが可能であるという報告もある[18]．興味深いことに，この乳児における顔表情の範疇化は，幸福の顔表情でより強く観察されている．その理由として，この月齢の乳児は，他の顔表情よりも笑顔（幸福の顔表情）に接する機会が多いことが示唆されている[19]．すなわち，乳児はより見慣れた幸福の顔表情については早期から範疇化が可能であり，見慣れない恐怖や驚愕の顔表情についての範疇化は発達が遅れることになる．これは，ヒトが生後の環境刺激として顔表情の呈示を受け，前後して生じる養育者からの愛情表現を受けることで顔表情の意味を学習していく可能性を示していると考えられる．

　その後，1 歳頃には他者の顔表情から周囲の状況を読み取る社会的参照能力（social reference）が発達する[20]．幼児は，顔表情の範疇化のみならず，その社会的意味を認知して環境情報と連結させるのである．その具体的な例として有名なのが，視覚的断崖と呼ばれる実験である．断崖を隔てて母親と乳児を配置し，断崖には透明な板を橋のようにかけておく．母親が笑顔の場合には，ほとんどの 1 歳児が透明な板の上を渡って母親のもとへ行く．しかし，母親が恐怖あるいは怒りの顔表情を呈している場合には，透明な板を渡って母親のもとへ行く幼児数が減少する．この結果から，1 歳児には母親の顔表情の意味が理解できており，それを参照して自己の行動を決定している（すなわち社会的参照）と考えられる．

　以上を要約すると，新生児でも顔表情を弁別できる可能性があるが，少なくと

も 3〜4 カ月齢で確実に顔表情の識別ができるようになると考えられる．さらに，幸福の顔表情（笑顔）については他の顔表情よりも早く識別できるようになり，その範疇化，すなわち意味認知は 7 カ月齢で可能となる．そして，1 歳になると他者の顔表情の意味を正しく認知し，自己の行動変容に結びつけることができるようになる．

b. 青年期における社会的認知機能の発達

　乳児期の顔表情認知発達に引き続き，学童期から青年期にかけても顔表情などに対する社会的認知能力は発達する[21]．乳児期から青年期にかけての社会的認知機能の発達には，とくに養育者や家庭などの環境要因が大きな影響を与えることが知られており[22]，きわめて複雑な要因が関与している．青年期までに情動制御や社会的認知機能が正しく発達しない場合，青年期に様々な社会的適応障害が発生し，精神医学的障害として分類される．DSM-IV で分類された第 1 軸および第 2 軸の精神医学疾患の多くは，青年期に発症する情動制御の障害が含まれている[23]．

　顔表情に関する記憶課題では，学童期の終わりから青年期にかけて課題成績が上昇することが知られている[24,25]．また，一つの顔に複数の顔表情を人工的に組み込んだ顔刺激に関する識別課題でも，幼児期（3〜5 歳）までは成人に比較して課題成績が低いことが報告されている[26]．これらのことから，顔表情の認知機能は，青年期や成人期になる過程で成熟すると考えられる．

　顔表情と同様に，顔から個人を識別する能力もまた，生まれてから青年期までに発達する．10 歳から 70 歳までの被験者を対象とした顔の記憶課題では，30 歳代が最も高い成績であった[27]．これらのことから，顔に含まれる表情や個人に関する情報処理能力は，生後から青年期まで発達を続けており，成人期に入ってから機能的ピークを迎えると考えられる．

　これらの顔の表情や個人識別の能力が，青年期（とくに思春期）に一時的な障害を受けることが知られている[28]．10 歳から 14 歳の女児を対象とした顔個体識別課題では，思春期の中期に当たる 12 歳において誤回答が他の年齢よりも有意に多いことが報告されている[29]．乳児期から発達を続けている顔情報処理の発達が，青年期に一過性の退行を示すのはなぜだろうか．青年期には，親から精神的に独立し，同年代の同性・異性との社会的なつながりが重要となってくる．時期

を同じくして，性ホルモンを中心とした内分泌系や神経系（後述）の身体的発達も起こる．そのため，これまで発達してきた知覚，認知，情動などの機能に関与する脳領域の再組織化が図られ，複雑な社会により適応した機能が付加されると推測されている[30]．たとえば，青年期には他者の顔表情から魅力，信頼性，能力，社会的地位など，ヒトに特有な社会的情報を読み取るようになる．顔から読み取るこれらの情報は，学童期まではほとんど顧みられない．すなわち青年期は身体的発達のみならず，情動の認知，発現，それに引き続く行動も大きく変化し，成人期に向けて心身ともに著しく発達する時期なのである．

3.2　情動発達の基盤となる神経系

　前述の行動学的な研究結果は，ヒト新生児や乳児が生後早期から様々な顔情報（表情や顔）を識別していることを示している．したがって，ヒトは顔に対して注視する社会的行動の神経基盤を生得的に有しており，生後に視覚情報処理機能を発達させ，顔表情の識別ができるようになると考えられる．さらに，青年期には顔に含まれる複雑な情動性や社会性を認知できるように，神経基盤も発達すると考えられる．

　これらの機能発達には，まず，外界の情報の適正な知覚が不可欠である．そして，適正な情動認知は，適正な情動行動の発現へと結びつく．情動行動発現にかかわる一連の流れは，以下のように要約できる．すなわち，視覚，聴覚，嗅覚，味覚，体性感覚などの外界の環境情報は，各々の感覚神経系に入力される．これら入力感覚情報は，感覚種毎に大脳皮質で処理され，最終的に側頭葉内側部の扁桃体へ送られる．扁桃体は，すべての感覚情報を受け，感覚刺激の情動的評価と意味認知を行い，視床下部などに情動反応（接近や回避反応などの行動反応，自律神経反応，内分泌反応）を出力する[31,32]．

　ここでは，様々な感覚種のなかで，ヒトでとくに重要な感覚である視覚を取り上げ，情動的・社会的刺激の認知に関する神経基盤について概説する．

a. 幼少期の情動発達を支える視覚情報処理経路

　前述のように，ヒトは新生児期には顔表情の弁別ができている．視覚は，ヒトにおいて最も重要な感覚であるが，新生児の視覚機能は不十分である[33]．新生児は，高コントラストでパターン化された動く物体を好んで注視することが知られ

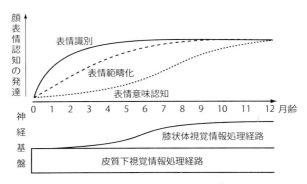

図 3.2 顔表情認知発達の模式図
時間軸よりも上段は顔表情認知の発達，下段は神経基盤の関与を表す．顔表情の識別は生後早い段階で発達し，3〜4 カ月齢ではかなり正確に識別できる．顔表情の範疇化は表情識別よりもやや遅れ，約 7 カ月齢で可能となる．さらに遅れて発達するのが表情の意味認知であり，12 カ月齢で可能となる．これらの顔表情認知には，生後早い段階から皮質下視覚情報処理経路が関与している．膝状体視覚情報処理経路は生後から徐々に発達していくと考えられる．本図の顔表情認知の発達および神経基盤は，時間的な発達関係を表したものであり，相対的な強さを表したものではない．

ている[34]．また，3〜4 カ月齢までは大雑把な（空間解像度の低い）情報しか処理できていないようである．そして，1 歳頃になると他者の顔表情の詳細，すなわち高い空間解像度の情報を知覚できるようになる．その後，それら社会的情動的な刺激の意味を正しく認知して行動選択ができるようになる．したがって，ヒトは出生直後には生得的な視覚情報処理機能を使って他者の顔表情を弁別し，その後，1 歳までに急激に視覚情報処理機能を発達させ，より詳細な識別能力を獲得し，意味認知にまで発展させていると考えられる．これらの行動学的発達の基盤となる神経機構は，後述する理由により，初期には皮質下視覚情報処理経路が関与し，しだいに膝状体視覚情報処理経路に移行すると推測される（図 3.2）．

視覚情報の皮質経路（膝状体視覚経路）

視覚情報は，網膜および視神経を介して，視床の外側膝状体に伝達され，大脳皮質の後頭葉の一次視覚野（鳥距溝周囲）に伝達される．一次視覚野からは，背側皮質視覚経路と腹側皮質視覚経路に視覚情報が送られる[35]．背側皮質視覚経路は，V2 野や MT 野を経由して後頭頂皮質へ至る経路であり，対象の動きや位置

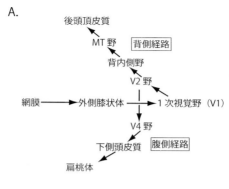

図 3.3 視覚情報処理経路の模式図
A：膝状体視覚情報処理経路．網膜で受容された視覚情報は，外側膝状体を介して 1 次視覚野へ送られ，後頭頂皮質へ向かう背側経路および下側頭皮質へ向かう腹側経路で処理される．腹側経路の情報は，情動の中枢である扁桃体へも送られる．B：皮質下視覚情報処理経路．網膜で受容された視覚情報は，上丘，視床枕を介して 1 次視覚野や扁桃体などに送られる．

に関する情報が処理される．一方，腹側皮質視覚経路は V2 野や V4 野を経由して下側頭皮質に至る経路であり，対象物の形状や認知に関与する．情動と関連する顔情報などは，腹側皮質視覚経路の紡錘状回や舌状回で処理される[36]．一般に，視覚情報の知覚とそれに基づく情動発現は，この網膜－外側膝状体－視覚関連大脳皮質－扁桃体の経路で行われていると考えられている．これらの視覚情報処理経路は，外側膝状体を介して大脳皮質一次視覚野に投射していることから，膝状体視覚経路とも呼ばれる（図 3.3A）．

視覚情報の皮質下経路（膝状体外視覚経路）

一方，ヒトを含む霊長類は，視覚領野を含め，大脳皮質の大部分が未成熟の状態で生まれてくる[33]．しかし，後述のように，ヒトの新生児は顔などの社会的な視覚刺激を注視することが知られている[5]．また，自己にとって危険な視覚刺激（猛獣などの害敵）を検出する能力も有している[37]．視覚の情報処理を行

う大脳皮質が未成熟であるにもかかわらず、社会的あるいは生物学的に意味のある視覚刺激を識別できることは、出生時にすでに機能的に成熟している「生得的な」視覚情報処理経路が存在することを示唆する。その一つが、外側膝状体を介さない視覚情報処理経路である皮質下視覚情報経路(膝状体外視覚経路、extragenuculate visual system)である[8,38](図3.3B)。皮質下経路では、網膜からの出力が、上丘の浅層へ入力する。上丘の浅層および深層からの出力は、視床の視床枕を介して大脳皮質の広範囲の領域へ送られる。視床枕が情報を送る大脳皮質各領域からは、視床枕への双方向性の線維連絡もある[39]。また、視床枕は扁桃体と相互の密接な線維連絡を有していることから[40]、網膜−上丘−視床枕−扁桃体の皮質下経路が、情動的刺激の認知に関与していることが示唆されている。MRIを用いた研究によると、表情画像の呈示により実際にこの経路が活性化することが報告されている[41]。さらに、皮質下視覚情報処理経路が出生時から機能していることが示唆されており、同経路が生後直後から視覚情報処理に関与し、情動や社会的機能の発達に関与していることが示唆される。ここでは、社会的な刺激である顔に対する視床枕ニューロンの反応について、最近の知見を紹介する。

筆者らは、サルを用い、顔刺激に対する視床枕ニューロンの応答を解析している[42]。それによると、サル視床枕ニューロンは、「顔様パターン」に、より早く、またより強く応答することが明らかになった(図3.4)。これら応答潜時は、50

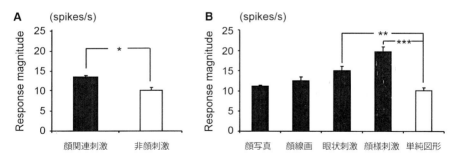

図3.4 サル視床枕ニューロンの顔関連刺激および非顔刺激に対する反応強度の比較
A:顔関連刺激および非顔関連刺激に対するサル視床枕ニューロンの反応強度の比較。視覚刺激に応答した視床枕ニューロンは、顔関連刺激(顔写真、顔線画、眼状刺激、顔様刺激)に対する平均反応強度が非顔刺激(単純図形)に対する平均反応強度よりも有意に強い(*$P<0.05$)。B:種々の視覚刺激に対するサル視床枕ニューロンの平均反応強度の比較。顔様刺激および眼状刺激の平均反応強度は、単純図形に対する平均反応強度よりも有意に強い(**$P<0.01$, ***$P<0.001$)。

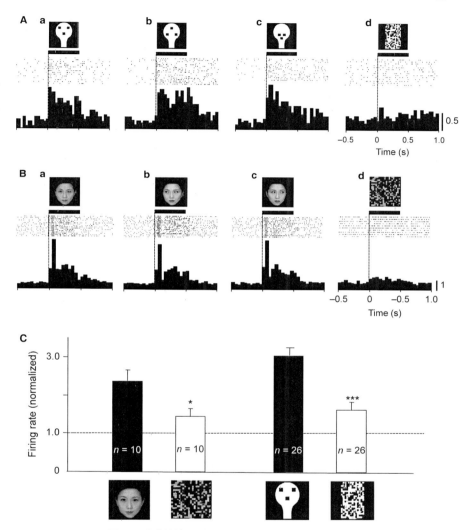

図 3.5 顔様刺激に応答したサル視床枕ニューロンの例

A：サル視床枕ニューロンは，顔様の刺激に対して強い応答を示している（Aa-Ac）．しかし，それらの刺激をスクランブル処理すると応答が消失する（Ad）．B：このサル視床枕ニューロンは，ヒトの顔写真にも強い応答を示している（Ba-Bc）．顔様刺激と同様に，スクランブル処理した刺激には応答しない（Bd）．ラスター表示上部の水平バーは，視覚刺激の呈示時間を示している（500 ms）．垂直線は視覚刺激の呈示時点を示している．右下の校正は，各ビンでの1試行当たりの発火数を示している．ビン幅 = 50 ms．C：視覚刺激のスクランブル処理の影響．刺激のスクランブル処理は，顔写真（$^{*}P<0.05$）に対しても顔様刺激（$^{***}P<0.001$）に対しても有意な応答減弱を示した．

~70 ms で大脳皮質よりも短いことから，視床枕ニューロンは網膜や上丘からのボトムアップ情報に応答していることが示唆された．さらに，視覚刺激を細かく分割してランダムの再配置（スクランブル処理）したランダム画像に対しては，ニューロン応答が減弱した（図 3.5）．したがって，顔画像および顔様パターンに対する応答は，刺激の形状を反映していると考えられる．一方，空間フィルターにより，低空間周波数成分のみを抜き出した画像（低解像度の画像に相当）に対しては応答性に変化がなかった．以上の結果は，皮質下視覚情報処理経路（膝状体外視覚系）が，顔刺激の大雑把な情報（低空間解像度成分）をすばやく処理し，膝状体視覚系からの情報がくる前に，大脳皮質に大雑把な（低空間解像度成分）情報を送っていることを示唆している．

一方，潜時の長い 100 ms 前後の応答も見つかっており，これらの応答ニュー

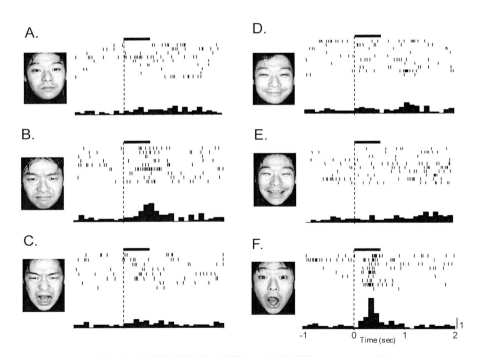

図 3.6 顔表情に識別的に応答したサル視床枕ニューロンの例
様々な顔表情を呈示した結果．この視床枕ニューロンは驚愕（F. Surprise）の顔表情に対して最も強く応答している．A：中性，B：怒り（閉口），C：怒り（開口），D：幸福（閉口），E：幸福（開口），F：驚愕．ビン幅＝100 ms．図の見方は図 3.5 を参照．

ロンは，他の大脳皮質領域からの双方性結合を反映していると考えられる．この視床枕と皮質の間の双方性神経回路は，視覚情報のS/N比を上げるほか，視覚的注意に関与した皮質領域間での相互作用を調整する機能があると考えられている[43]．

さらに視床枕ニューロンは，顔刺激のなかでも正面を向いた顔に対し，斜めを

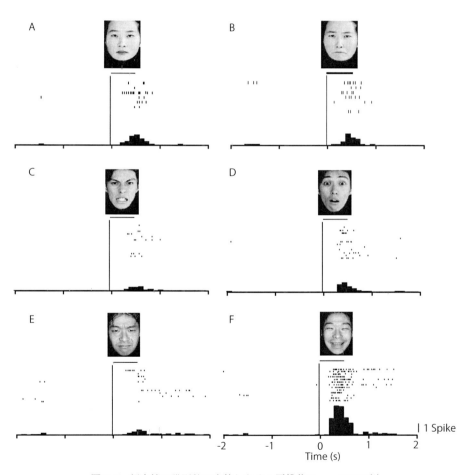

図3.7 顔表情に識別的に応答したサル扁桃体ニューロンの例
様々なモデルの顔表情を呈示した結果，この扁桃体ニューロンはある顔モデルの幸福（開口）（F）に対して最も強く応答している．AとB，CとD，およびEとFはそれぞれ同一顔モデルの異なる顔表情に対するサル扁桃体ニューロンの反応を示す．A：中性，B：怒り（閉口），C：怒り（開口），D：驚愕，E：怒り（開口），F：幸福（開口）．ビン幅＝100 ms．図の見方は図3.5を参照．

向いた顔刺激よりも短い反応潜時で応答した[42]．いいかえると，皮質下視覚情報処理経路は自己に対する他者の注意（他者の顔が自己を見ているかどうか）をより素早く検出するために機能している可能性が示唆される．また，視床枕ニューロンは顔表情にも識別的に応答することも知られている[44]（図3.6）．さらに，視床枕から情報を受け取る扁桃体でも，ヒトの顔表情に識別的な応答をするニューロンがある（図3.7）．また，視線方向に対して識別的に応答する扁桃体ニューロンも報告されている[45]（第2章参照）．この皮質下視覚経路が前述のように出生時から機能していることを考慮すると，乳児期（0歳〜1歳半）の社会的認知機能の発達を考える上で重要な神経システムであると考えられる．すなわち，乳児期では，母親などの養育者が自己の方を向いているか，あるいは自己とは異なる方を向いているかを，また養育者の情動状態をこの皮質下視覚経路が検出し，その結果を大脳皮質の広い領域へ送ることで大脳皮質の機能的成熟を促していることが示唆されている[8]．

b. 青年期における中枢神経系の変化

青年期には，中枢神経系の形態学的な変化もみられる．一般に，顔に含まれる情報の認知には，側頭葉-後頭葉下面の紡錘状回顔領域や上側頭溝が主要な働きをしているが[46]，8歳以下の子どもでは顔刺激を呈示しても紡錘状回顔領域が活性化しないことが報告されている[47]．このことから，顔認知にかかわる大脳皮質の機能は学童期でもいまだ成熟しておらず，青年期まで継続して発達すると考えられる．

扁桃体の機能発達

情動中枢である扁桃体も，この時期に変化する．ヒトの扁桃体は，生後早期から比較的速く発達するといわれているが，乳児期から青年期にかけて扁桃体の容積が増大する[48]．近年の報告によると，ヒト扁桃体の容積のピークは男女ともに14歳頃である[49]．扁桃体の形態学的発達のピークが，情動機能変化の著しい青年期と一致している事実は，形態的な変化により機能的な変化が起こることを示唆している．

ヒト扁桃体は，出生時には基本的な線維連絡は完成しているが[50]，青年期には機能的にも変化する．7歳から32歳の被験者に様々な顔表情を呈示し，fMRIにより脳活動を計測すると，13歳から20歳までの青年期では，学童期や成人期に

比べて扁桃体が強く賦活化される[51]．また，扁桃体内亜核の機能的分化も，学童期（7〜9歳）の小児では成人に比べて明確でない[52]．これらの結果は，扁桃体の容積が14歳をピークとする解剖学的な再編成が起こり，扁桃体は機能的にも青年期まで発達していくことを示唆している．

扁桃体には，エストロゲンとアンドロゲンの受容体が存在しており[53,54]，青年期（とくに思春期）の内分泌系変化の影響を直接受ける．したがって，これら扁桃体の形態学的ならびに機能的変化は，青年期にピークに達する性ホルモンの直接的な影響によることが示唆されている[30]．

扁桃体−内側前頭前野間の機能的結合の発達

高度に社会化が進んだ人間社会では，扁桃体以外の他の脳領域も重要な役割を果たしている．その一端を担うのが，扁桃体−内側前頭前皮質系による情動制御システムである．内側前頭前皮質は，一連の情動情報処理を行う扁桃体の機能を制御し，社会行動の発現に関与すると考えられている．ヒトは，乳児期から成人期に至るまでは，自己の情動（感情）を制御できず，社会的に不適切な場面で怒りや悲しみの情動を表出することがある．しかし，成人期に入ると，自己の情動発現を制御することができるようになり，社会により適切に適応できるようになる．

安静時の脳領域間の機能的結合を調べた結果，学童期（7〜9歳）の小児は成人に比べて扁桃体−内側前頭前皮質間の機能的結合が低いことが報告されている[52]．この結果は，学童期の小児が成人に比べて情動発現の制御ができないという行動的側面と一致しており，扁桃体−内側前頭前皮質間の情動制御システムが生後の様々な刺激を受けて発達する可能性を示唆している．

一方，扁桃体−内側前頭前皮質間の機能的結合は，10歳前後を境に正から負へ変化することが知られている[55]．扁桃体−内側前頭前皮質間の負の機能的結合は成人以降一貫して観察されており，情動的な刺激に対する扁桃体の衝動的活動を内側前頭前野が抑制するメカニズムを反映していると考えられている．これらの研究結果は，学童期から青年期初期にかけて生じる扁桃体−内側前頭前皮質間の機能的結合の発達が，情動発現の制御システムとして発達していくことを示唆している．

おわりに

　ヒトが文明社会のなかで生活していくためには，社会的認知機能をいかに発達させ，情動発現をいかに制御していくかが重要な鍵となる．本章では，とくに他者の顔に含まれる情報をターゲットとし，情動的な刺激の認知に関するヒトの発達を概観した．これらをまとめると，以下のようになる．

1) ヒトをはじめとする哺乳類は，視覚情報に関する情報処理回路として，膝状体視覚情報処理経路と皮質下視覚情報処理経路を有している．

2) 生後の比較的早期から機能するのは皮質下視覚情報処理経路であり，ヒトの乳幼児期にはこのシステムを用いて養育者の情動発現を知覚・認知する．

3) 一方，膝状体視覚情報処理経路は，7カ月齢から1歳までにある程度発達し，他者の発現した情動に関するより詳細な意味を学習するようになる．

4) これら二つの視覚情報処理システムを用い，様々な環境刺激を受けることで学童期から青年期にかけて様々な事象を学習し，情動システムがさらに発達する．

5) しかし，青年期（とくに青年期初期である思春期）には，性ホルモンの影響を受けて扁桃体を中心としたシステムに形態学的変化が生じ，それに伴って情

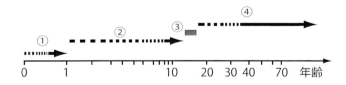

④情動制御機能の成熟に伴う社会的機能の発達
③認知・情動システムの再構築
②情動的社会的学習による情動システムの発達
①基本的情動システムの完成

図 3.8　ヒトの情動発達の模式図

ヒトは社会的な学習を通して情動システムを発達させる．1歳までは基本的な情動システムが完成する（①）．そのシステムを用い，学童期には他者との情動的社会的な接触により情動システムを発達させる（②）．思春期になると，これらの認知的情動的なシステムの再構築が行われる（③）．成人期には情動制御システムが成熟し，それに伴って社会的機能も発達すると考えられる（④）．

動機能が変化あるいは最適化される.

6) その後,成人期には前頭前野との機能的結合の成熟によって情動の発現制御機能も成熟し,社会適応性に結びつく.

このように,ヒトは一生を通して情動的刺激を学習し,情動機能を発達させていくと考えられる(図3.8).情動の発達メカニズムを解明することは,いわゆる「キレる」人々の神経メカニズムを知る手がかりとなり,教育的および社会的な意義は大きいと考えられる.今後,情動発達の神経メカニズムに関する研究の発展に期待したい.　　　　　　　　　　　　　　　［堀　悦郎・小野武年・西条寿夫］

文　　献

1) Ekman P, Friesen WV, O'Sullivan M, Chan A, Diacoyanni-Tarlatzis I, Heider K, Krause R, LeCompte WA, Pitcairn T, Ricci-Bitti PE, Scherer K, Tomita M, Tzavaras A : *J Pers Soc Psychol* **53** : 712-717, 1987.
2) Cirulli F, Laviola G, Ricceri L : *Neurosci Biobeh Rev* **33** : 493-497, 2009.
3) Erikson EH : Identity and the Life Cycle, W W Norton & Co., 1980.
4) Russell J, Bullock M : *Soc Cognition* **4** : 309-341, 1986.
5) Johnson MH, Dziurawiec S, Ellis HD, Morton J : *Cognition* **40** : 1-21, 1991.
6) Bushnell I : *Infant Child Dev* **10** : 67-74, 2001.
7) Field TM, Cohen D, Garcia R, Collins R : *Infant Behav Dev* **6** : 485-489, 1983.
8) Johnson MH : *Nat Rev Neurosci* **6** : 766-774, 2005.
9) Young-Browne G, Rosenfeld HM, Horowitz FD : *Child Dev* **48** : 555-562, 1978.
10) Barrera ME, Maurer D : *Child Dev* **5** : 203-206, 1981.
11) Kuckuck A, Vibbert M, Bornstein MH : *Child Dev* **57** : 1054-1061, 1986.
12) LaBabera JD, Izard CE, Vietze P, Parisi SA : *Child Dev* **47** : 533-538, 1976.
13) Oster H : Infant Social Cognition : Empirical and Theoretical Considerations (Lamb ME, Sherrod LR eds), pp. 85-125, Hillsdale, 1981.
14) de Haan M, Nelson CA : Perceptual Development (Slator A ed), pp. 287-309, Psychology Press, 1998.
15) Striano T, Brennan PA, Vanman E : *Infancy* **3** : 115-126, 2002.
16) Hainline L, Abramov I : Advances in Infancy Research (Rovee-Collier C, Lipsitt LP eds), pp. 30-102, Norwood, 1992.
17) Nelson CA, Morse PA, Leavitt LA : *Child Dev* **50** : 1239-1242, 1979.
18) Bornstein MH, Arterberry ME : *Developmental Sci* **6** : 585-599, 2003.
19) Nelson CA, Dolgin K : *Child Dev* **56** : 58-61, 1985.
20) Baldwin DA, Moses LJ : *Child Dev* **67** : 1915-1939, 1996.
21) Crookes K, Mckone E : *Cognition* **111** : 219-247, 2009.
22) Repetti RL, Taylor SE, Seeman TE : *Psychol Bull* **128** : 330-366, 2002.
23) Gross J, Levenson RW : *J Abnorm Psychol* **106** : 95-103, 1997.
24) Herba CM, Landau S, Russell T, Ecker C, Phillips ML : *J Child Psychol Psychiatry* **47** :

1098-1106, 2006.
25) Thomas LA, De Bellis MD, Graham R, Labar KS : *Dev Sci* **10** : 547-558, 2007.
26) Brown JR, Dunn J : *Child Dev* **67** : 789-802, 1996.
27) Germine LT, Duchaine B, Nakayama K : *Cognition* **118** : 201-210, 2011.
28) Lawrence K, Bernstein D, Pearson R, Mandy W, Campbell R, Skuse D : *J Neuropsychol* **2** : 27-45, 2008.
29) Diamond R, Carey S, Back K : *Cognition* **13** : 167-185, 1983.
30) Scherf KS, Smyth JM, Delgado MR : *Horm Behav* **64** : 298-313, 2013.
31) Nishijo H, Ono T, Nishino H : *J Neurosci* **8** : 3556-3569, 1988.
32) Nishijo H, Ono T, Nishino H : *J Neurosci* **8** : 3570-3583, 1988.
33) Banks MS : *Child Dev* **51** : 646-666, 1980.
34) Walker-Andrews AS : *Psychological Bulletin* **121** : 1-20, 1997.
35) Milner AD, Goodale MA : The Visual Brain in Action, Oxford University Press, 1998.
36) Kanwisher N, McDermott J, Chun MM : *J Neurosci* **17** : 4302-4311, 1997.
37) LoBue V, DeLoache JS : *Dev Sci* **13** : 221-228, 2010.
38) LeDoux JE : The Emotional Brain, Simon & Schuster, 1996.
39) Kaas JH, Lyon DC : *Brain Res Rev* **55** : 285-296, 2007.
40) Jones EG, Burton H : *Brain Res* **104** : 142-147, 1976.
41) Morris JS, DeGelder B, Weiskrantz L, Dolan RJ : *Brain* **124** : 1241-1252, 2001.
42) Nguyen MN, Hori E, Matsumoto J, Tran AH, Ono T, Nishijo H : *Eur J Neurosci* **37** : 35-51, 2013.
43) Pessoa L, Adolphs R : *Nat Rev Neurosci* **11** : 773-783, 2010.
44) Maior RS, Hori E, Tomaz C, Ono T, Nishijo H : *Behav Brain Res* **215** : 129-135, 2010.
45) Tazumi T, Hori E, Maior RS, Ono T, Nishijo H : *Neuroscience* **169** : 287-301, 2010.
46) Gobbini M, Haxby J : *Neuropsychologia* **45** : 32-41, 2007.
47) Scherf KS, Behrmann M, Dahl RE : *Dev Cogn Neurosci* **2** : 199-219, 2012.
48) Uematsu A, Matsui M, Tanaka C, Takahashi T, Noguchi K, Suzuki M, Nishijo H : *PLoS One* **7** : 1-10, 2012.
49) Hu S, Pruessner JC, Coupé P, Collins DL : *NeuroImage* **74C** : 276-287, 2013.
50) Ulfig N, Bohl J, Setzer M : *Neuroembryology and Aging* **2** : 40-42, 2003.
51) Hare TA, Tottenham N, Galvan A, Voss HU, Glover GH, Casey BJ : *Biol Psychiatry* **63** : 927-934, 2008.
52) Qin S, Young CB, Supekar K, Uddin LQ, Menon V : *Proc Natl Acad Sci USA* **109** : 7941-7946, 2012.
53) Perlman WR, Webster MJ, Kleinman JE, Weickert CS : *Biol Psychiatry* **56** : 844-852, 2004.
54) Roselli CE, Klosterman S, Resko JA : *J Comp Neurol* **439** : 208-223, 2001.
55) Gee DG, Humphreys KL, Flannery J, Goff B, Telzer EH, Shapiro M, Hare TA, Bookheimer SY, Tottenham N : *J Neurosci Off J Soc Neurosci* **33** : 4584-4593, 2013.

4 情動発現と報酬行動

4.1 報　酬　系

　報酬（reward）とは何であろうか．何がわれわれヒトにとって報酬になるのかを考えてみると，食物，飲み水，性行為などの基本的な生理的欲求に起因するものや，金銭，名誉，知識，芸術などの高度な認識や社会的欲求がかかわるものまで，実に様々なものがあげられる．一方，報酬はその種類にかかわらず共通して，以下の三つの働きをもつ．①報酬の獲得は快感を引き起こす．②報酬はそれを獲得する行動を動機づける．③報酬はそれをより効率的に得るための種々の学習を引き起こす[1]．種々の報酬が共通して引き起こすこれらの行動は，それに関連する脳内情報処理を含めて報酬行動と呼ばれ，またこれら報酬行動に関与する複数の脳領域は合わせて報酬系（reward system）と呼ばれる．本章では報酬系の働きについてこれまでの研究を概説する．

　報酬系を構成する脳領域は，脳内自己刺激（intracranial self-stimulation）と呼ばれる報酬行動の研究によって明らかになった．この行動は1954年にOldsらによって最初に報告された[2]．Oldsらのこの最初の実験では，ラットの脳の一部（中隔核）に電極を埋め込み，レバーの付いた箱に入れた．彼らは箱のレバーと脳内の電極を接続し，ラットがレバーを押すとそのたびに電極を通じて中隔核が短時間電気刺激されるようにした（図4.1）．Oldsらはこのような状況下でラットが刺激を受けるために繰り返しレバーを押すことを発見した．刺激を受けるためにラットが繰り返しレバーを押す様子は，あたかも電気刺激が中隔核を賦活し，快感を生み出しているようであった．その後の実験からラットは電気刺激を得るためにレバー押し課題だけでなく任意の課題（たとえば迷路課題など）を学習できることが明らかになった．脳を自ら刺激するこの行動は，後にBradyによって「脳内自己刺激」と命名された．中隔核のように自己刺激行動を起こす脳部位

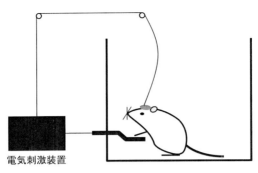

図 4.1 レバー押しによる脳内自己刺激装置

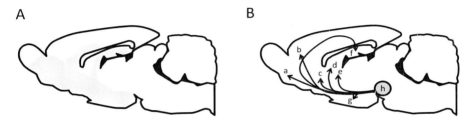

図 4.2 ラットの脳における自己刺激部位（A，灰色部）とドパミン細胞とその投射経路（B）
a：嗅結節，b：前頭前野，c：側坐核，d：線条体，e：中隔，f：海馬，g：扁桃体，h：腹側被蓋野・黒質．

は報酬系であると考えられる．その後多くの研究により，脳内自己刺激の有無が他の脳領域に対して系統的に調べられ，中隔核に加え，腹側被蓋野，黒質，内側前脳束（視床下部外側野），側坐核，線条体，扁桃体，海馬体，帯状回などが報酬系に属することが明らかになった（図 4.2A）[3,4]．とくに内側前脳束の刺激は強力で，ラットはこの刺激のために 1 時間に 8000 回以上もレバー押しをすることが報告されている．自己刺激行動はラットだけでなくヒトやその他の多くの脊椎動物で報告されており，ヒトの自己刺激部位はラットとほぼ共通している．

　上記の自己刺激が行われる脳領域は，神経伝達物質の一つであるドパミンを放出する神経細胞のある脳部位（黒質および腹側被蓋野）とその投射経路によく一致している（図 4.2B）．また，ドパミンによる神経伝達を阻害する薬物はラットの自己刺激行動を減少させ，さらにラットはドパミンを放出させる薬物であるアンフェタミンをレバー押しによって電気刺激と同じように"自己投与"する[5]．以上のことなどからドパミンの放出が報酬行動において重要な役割を果たしてい

ると考えられ，ドパミンと報酬行動の関係が盛んに研究されてきた．次節 4.2 では，これらの研究によって明らかにされつつあるドパミンの報酬行動における役割を紹介する．

4.2 報酬行動におけるドパミンの役割

a. ドパミンと快感

　自己刺激行動をするラットは一見，電気刺激によって快感を得ているように見える．しかし，ラットをはじめ動物は話すことができないので，実際に自己刺激部位の電気刺激はどのような知覚を生み出し，なぜ自己刺激行動を駆り立てられているのかを知ることは困難である．このため，自己刺激部位への電気刺激がどのような知覚をもたらすかを調べるためにヒトで実験が行われた（てんかんなどの脳機能障害の治療過程では脳に電極を挿入する必要がある場合があり，実験はこうした患者の協力のもと行われている）．こうした実験の結果，上記の予想どおり刺激が快感を生じている場合もある一方で，興味深いことに，非常に高頻度で自己刺激するにもかかわらず快感を生じていない場合があることが判明した．たとえばある患者が自己刺激を行った理由は，刺激が心地よいからではなく刺激によって「記憶をまさに思い出すような感覚」を呼び起こされたためであった[6]．似たような現象が薬物依存症の患者でもみられる．薬物依存症の患者はしばしば薬物がほとんど快感を生じない場合でも，衝動的に薬物を求めてしまう[7]．以上のように，脳内自己刺激や薬物依存などの特殊な状況下では，快感がないにもかかわらず何かを求める場合がある．これは報酬が快感を生じるプロセス（4.1節①）と報酬が行動を動機づけるプロセス（4.1節②）の処理系統が別々に存在していることを示唆している．

　近年では，ドパミンは報酬行動において快感を生じるプロセス（①）にはあまり関与していないと考えられている．たとえば，レバーを押すと報酬としてエサがもらえる課題において，ラットの脳内におけるドパミン放出は報酬を得たときよりもレバー押しをしている間の方が高い[8]．また，ドパミン伝達を阻害したラットでも，通常のラットと同様に高嗜好性のエサ（砂糖や油脂などを多く含むエサ）を普通のエサより多く食べる[9]．さらに，ドパミン伝達を変化させたラットも通常のラットと同様に砂糖水などの食物報酬に対して快の情動反応（liking reaction: 舌を出し入れする，口の周りを舐めるなど；図 4.3）[10]を示す[7]．以上

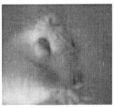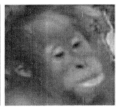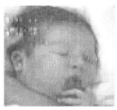

図 4.3 甘味に対する快の情動反応（Berridge et al. (2010)[10] より許諾を得て引用）

のことなどから快感を生じるプロセスへのドパミンの関与は疑問視されている．一方，報酬行動における動機づけ（②）や学習（③）の側面にはドパミンが深く関与していると考えられている．

b. ドパミンと動機づけ

ドパミン阻害薬をラットに投与すると，エサを得るためのレバー押し行動や，性行動のためにオスがメスを探索する行動が障害される[8, 11]．これらのことから，ドパミンが動機づけ行動に何らかの形でかかわっていることが示唆される．しかし，ドパミン阻害薬を投与しても，単に目の前にあるエサに近づいて食べたり，目の前のメスに近づいて交尾したりする行動は障害されない．これらのことからドパミンは単に報酬に接近するといった非常に基本的な動機づけ行動には関与しないようである．ではドパミンは動機づけの他のどの側面に関与しているのだろうか．

近年の研究から，ドパミンは，努力して報酬を得るような状況において重要な役割を果たしていることが示唆されている[8]．この説を支持する代表的な実験はT字迷路（T-maze）を用いたものである（図 4.4）．T字迷路はラットやマウスに2択をさせるための実験で広く使われている課題である．T字迷路課題では，まず，選択させたい2種類の報酬をT字の両端におく．被験体となるラット（もしくはマウス）には事前にT字迷路を探索させるなどして，両端にそれぞれ何があるのかを学習させる．次にラットをT字の中央にある根本の部分に入れる．この後ラットがどちらの選択肢に向かうかを調べることで，このラットがどちらの選択肢をより好んでいるかを判定することができる．上記の実験では努力におけるドパミンの役割を調べるため，T字迷路の一端には多くのエサ（高報酬）が，

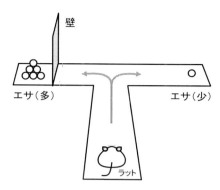

図 4.4 T字迷路を用いた労力選択課題

もう一端には少ない量のエサ（低報酬）が置かれ，高報酬がある側にはエサの手前に障害として数十 cm の高さの壁が取りつけた．以上により，一方の選択肢では高報酬が得られるが手前の壁を飛び越える労力が必要で，もう一方の選択肢では労力はとくに必要ないが低報酬しか得られないという状況を設定した．この結果，通常ラットは労力が必要でも高報酬を得る方を選択したが，側坐核のドパミン伝達を阻害されたラットは，労力のいらない低報酬を選択するようになった．一方，壁を取り外すとドパミン伝達が阻害されたラットも通常のラットと同様に高報酬を選択した．この事実は，ドパミンの伝達はエサの多少という報酬価の判断に関与していないことを示唆し，ドパミンの阻害はラットの労力に対する判断を変化させたと考えられる．以上から，ドパミンは，報酬獲得に必要とされる努力に役立っていると考えられる．

c. ドパミンと学習

4.1 節で述べたように，報酬はそれをより効率的に得るための種々の学習を引き起こす（③）．たとえば，ラットに特定の場所で報酬を与えることを繰り返すと，ラットがその場所に戻ってくるようになる（このように獲得された場所嗜好性を条件づけ場所嗜好性（conditioned place preference）という）．また，レバー押すとエサなどの報酬が得られる箱にラットを入れると，最初ラットは偶然レバーを押し報酬を獲得するだけだが，やがて進んでレバーを押すようになる（このようにある行動に対して報酬または罰を与えることでその行動の起こる頻度を変化させることをオペラント条件づけ（operant conditioning）という）．さらに，迷

路のゴールで報酬を与えると，ラットはしだいにすばやくゴールに到達できるようになる．ドパミンの伝達を阻害したラットでは，以上のような報酬に関する学習が障害されることが報告されている[12]．また，遺伝子改変によってドパミンを放出するドパミンニューロンの活動が亢進したマウスでは，ドパミンが通常より多く放出され，迷路学習やオペラント条件づけがより早く成立することが報告されている[12]．以上から，ドパミンが報酬獲得に関する学習に関与していることが示唆される．

では，ドパミンはどのように学習に役だっているのだろうか．サルやラットでドパミン細胞の活動を記録した実験から，ドパミンは報酬の予測誤差（prediction error）の信号を伝えていることが示唆されている．報酬の予測誤差とは，実際に得られた報酬から予測していた報酬の量を差し引いたものである．つまり予測誤差は，予測より実際の報酬が多いと正の値，小さいと負の値をとり，予測と実際の報酬が同じときにゼロとなる．ドパミンが予測誤差を表すと考えられる根拠は，ドパミンニューロンが報酬に対して図4.5のような応答を示すためである[13]．まず，サルに予告なしに報酬を与えると，報酬に対してドパミンニューロンの活動が増加するが，報酬を予告する信号（音や光など）を事前に提示すると活動は変化しない．また，報酬を普段より多く与えるとドパミンニューロンはより強く活動し，通常より少なく与えたり報酬の予告音を呈示したにもかかわらず報酬を与えなかったりするとドパミンニューロンの活動は減少する．以上のようにドパミンニューロンは報酬が予想されるよりも多かった場合には活動が増加し，少なかった場合には活動が減少し，予想通りだった場合には活動が変化しない．これらがドパミンによって報酬の予測誤差の信号が伝えていると考えられたおもな理由である．

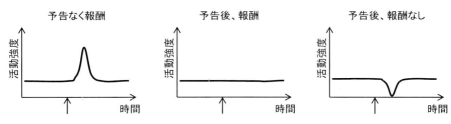

図4.5　ドパミンニューロンの応答特性
矢印は報酬が与えられた（左，中），もしくは報酬が予測された（右）時刻を表す．

一方，機械学習の分野で提案されている"強化学習"（reinforcement learning）と呼ばれる理論では，予測誤差が重要な役割を果たす．強化学習では，予測誤差が正の場合（予測より結果がよかった場合），その前に行った行動を"強化"する（行動を起こす頻度を増やす）．そして予測誤差が負の場合（予測より結果が悪かった場合），その前に行った行動を"弱化"する（行動を起こす確率を下げる）．このようにして強化学習の仕組みは行動パターンを予測誤差の情報をもとに修正し，最適化していくことができる[14]．強化学習理論を用いると種々の報酬に関連する学習を説明できる．たとえば，上記レバー押しの学習過程を強化学習の理論をもとに考えてみよう．はじめラットは偶然レバーを押し報酬を獲得する．このときラットは思いがけず報酬を得るので，予測誤差は正である．このため，直前に行ったレバー押し行動が強化され，ラットはレバー押しを進んで行うようになる．学習が成立した時点ではラットはレバー押しによって報酬が得られることを予測しているので，予測誤差はゼロとなり，レバー押し行動はこれ以上修正されない．ドパミンが伝える予測誤差の情報もこのようにして学習に役立っているのかもしれない．

以上4.2節ではドパミンの報酬行動における役割について述べた．報酬行動には，①快感の生成，②動機づけ，③学習の三つのプロセスがあることを4.1節で述べたが，ドパミンは動機づけ（②）や学習（③）に関与すると考えられる．さらに近年，ドパミンは報酬だけでなく嫌悪刺激などその他の重要な刺激に対する学習や動機づけにも役立っていることが示唆されている[15]．しかし，現在までのところ，ドパミンの快感（①）への関与については否定的な結果が多い．では，他のどのような脳の働きによって快感が生まれるのだろうか．次節4.3ではこの問題を調べた研究を紹介する．

4.3 快感の神経基盤

報酬系を構成する脳領域は自己刺激行動の有無を調べることによって明らかにされてきた．しかし前述のように自己刺激行動は必ずしも刺激が快感を生じていることを意味しない．そのため，ある脳領域がとくに快感に関与するかどうかを調べるには，自己刺激行動ではなく，より快感と直接的にかかわる行動を指標とする必要がある．Berridgeやその他の研究グループは，ラットが砂糖水などの食物報酬に対して快の情動反応を示す（図4.3）ことに注目し，この快の情

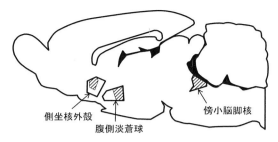

図 4.6　快楽ホットスポットの例（斜線部）

動反応を指標として快感にかかわる脳領域を調べた[7]．彼らは，特定の脳領域の働きを薬の注入などによって変化させ，食物報酬に対する快情動反応が強められるかを観察することで，その脳領域の快感への関与を調べた．この方法論で，Berridge やその他の研究グループは，快楽ホットスポット（hedonic hotspot；図 4.6）と呼ばれる快感にかかわるいくつかの脳領域を報告している．快感にかかわる脳領域が"ホットスポット"と呼ばれる理由は，これらの脳領域が小さく離れた場所に点在しているためである．快楽ホットスポットにはたとえば側坐核外殻の吻背側部がある．この領域にオピオイドやカンナビノイド受容体作動薬を注入すると，砂糖水に対する快情動反応が増強されることが報告されている．また，側坐核からの信号を多く受ける腹側淡蒼球にも快楽ホットスポットがある．腹側淡蒼球の後部にオピオイド受容体の作動薬を注入すると快情動反応が増強される．腹側淡蒼球後部はニューロンの活動を調べた実験からも快感に関する処理を行っている可能性が支持されている[7]．たとえば，この部位のニューロンは砂糖水を摂取したときに活動が亢進する．さらに，これら砂糖水に応答するニューロンは，通常は塩水の摂取時に活動は変化しないが，塩分不足によって塩水が好まれる状況では，塩水の摂取時にも活動が亢進する．砂糖水の摂取や塩分不足時の塩水の摂取は快情動反応を引き起こすことから，これらのニューロンは快感に関連して応答していると推測される．快楽ホットスポットは上記の領域以外にも脳幹の傍小脳脚核などに存在することが示唆されている．

4.4　報酬行動の状況・経験依存性

ここまで種々の報酬は共通して三つの報酬行動，すなわち快感・動機づけ・学習を引き起こすことを述べ，これらの基本的な神経メカニズムについての研究を

紹介した．一方，報酬行動はいつも同様に起こるわけではなく，様々な状況に依存して時々刻々調節されている．たとえば，空腹のときには食欲が増し，食物はよりおいしく感じられる．また，強いストレスにさらされると食欲が弱まったり強まったりする．こうした状況依存性は報酬行動の本質的な側面であると同時に，種々の報酬行動の異常（過食症，拒食症，心因性の性機能障害，薬物依存など）にも深く関与していると考えられる．そこで 4.4 節ではこうした報酬行動の状況依存性に関する研究を紹介する．

　生物は種々の化学反応を生体内部で行うことで生きている．これらの化学反応が正常に進むには体内の環境（温度や種々の物質の濃度など）が一定の範囲内にある必要がある．一方で，外部の環境は刻々と変化する．また，体内の化学反応によって失われたエネルギーや物質は外部から取り込む必要がある．以上から生物が生きていくためには，このような変化する外界や消費されていく物質に対して内部環境を一定に保つ働きが必要である．このような働きをホメオスタシス（homeostasis, 恒常性）という．ホメオスタシスのために生物は，まず内部環境を何らかの感覚器によってモニターし，次に観測された値と理想の値（セットポイントと呼ばれる）を比較し，その差を減少させるような種々の反応や行動を引き起こすことで，内部環境を一定の範囲内に維持していると考えられている（図 4.7）[16]．たとえば，体温は視床下部で感知され，実際の体温がセットポイントより高いと，自律神経系などを介して発汗や皮膚血管の拡張などが起こり，体温が低下する．セットポイントより体温が低い場合は，皮膚血管を収縮させたり筋肉を震えさせたりして体温を上昇させる．報酬行動もこうしたホメオスタシスのために調節を受ける．たとえば，体温が高ければ涼しい場所に行くことが動機づけられ，涼しい環境を心地よく感じる．逆に体温が低ければ温かいところへ行くことが動機づけられ，温かい環境を心地よく感じる．また前述したように，栄養が

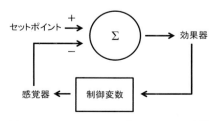

図 4.7　ホメオスタシス（Sterling, 2012）[16]

不足すれば，食欲が増し食物はおいしく感じられる．これまでの研究により，空腹や満腹に関連して放出されるホルモンなどが報酬系の種々の領域に働き，動機づけや快感を調節していることが示唆されている．

しかし，報酬行動の状況依存性は上記のようなホメオスタシスによる調節だけでは説明できない．もし報酬行動が体を一定の状態に維持するためだけにコントロールされているならば，われわれは食べすぎて太ったり食欲不振で痩せたりしないはずである．こうした複雑な報酬行動の調節は，ヒトだけでなくラットやマウスでも起こることが知られている．以下にこのような報酬行動の調節因子の例を四つあげる．

条件刺激（conditioned stimulus）

報酬に関連づけられた刺激（条件刺激）は報酬行動を調節する．たとえば，食物の匂いを嗅ぐと，食欲がそそられる．また，こうした条件刺激は食物に対する動機づけだけでなく，食物の美味しさ自体も変化させる．たとえば米国の子どもは食物をマクドナルドのパッケージに入れて与えられるとよりおいしく感じることが報告されている[17]．ラットやマウスでも条件刺激によって摂食行動が調節されることが報告されている[17]．以下にその一例となる実験を紹介する．まずマウスに砂糖水と一緒にある特定の音を呈示する．次にマウスにその音を聞かせると，興味深いことにエサを十分食べさせた後でもマウスは砂糖水を飲むことが判明している．報酬に関連づけられていない別の音では砂糖水の飲水が起こらないので，音刺激が報酬と条件づけられていることがこの砂糖水の過剰摂取に重要であることがわかる．条件刺激は摂食量を増やすような動機づけの側面だけでなく，食物報酬に対する快情動反応を強めることも報告されている．こうした条件刺激による摂食行動の促進には扁桃体基底外側核と視床下部外側野の連携が重要な役割を果たしていることが示唆されている[17]．

報酬に伴う労力

われわれは努力して何かを得たときによりうれしく感じる．また，なかなか得られない希少なものや高度な技術を必要とするものに高い価値を見出す．このように対象となる報酬がどの程度の労力を必要とするか，あるいはどれくらい希少であるかによって，その報酬に対する報酬行動が調節されていることが示唆されている．興味深いことに，類似した現象がマウスでも報告されている[17]．この実験では，まずマウスは2種類のレバーを押す訓練を受ける．一つのレバーは1回

押すだけでエサを得ることができる．別のレバーは最初のレバーとは別のエサを得ることができるが，餌を得るには15回レバーを押す必要がある．つまり後者のエサを得るには前者より多くの労力が必要となる．この訓練の後，これら2種類の食物を自由に摂取できるような状況にマウスを置くと，マウスは多くの労力が必要であった後者のエサをより多く摂取する．また，このような労力が必要なエサは，より強い快情動反応を引き起こすことも報告されている．

新規性

ヒトは目新しいものが好きである．逆に好きなものでも繰り返されると飽きてしまうことがよくある．このように報酬行動は対象となる報酬の新規性にも左右される．動物でも類似した現象が報告されている．たとえば感覚特異的満腹（sensory-specific satiety）という現象がヒトやサル，ラットで起こることが知られている．動物にある1種類のエサを十分与えるとしばらくして食べるのをやめる．しかし，この時点で別種のエサを与えると，動物は再び食べ始める．このようにあるエサに特異的に起きる満腹状態を感覚特異的満腹といい，エサの新規性が動機づけを調節していることを示唆する．感覚特異的満腹は快情動反応に対

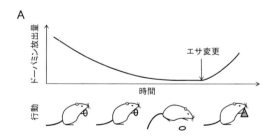

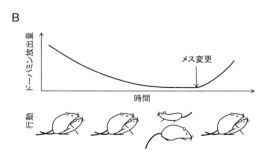

図 4.8 新規なエサ（A），メス（B）に対するドパミン放出

しても起こることが報告されている[18]．感覚特異的満腹における動機づけにはドパミンの関与が示唆されている[19]（図4.8A）．ラットの側坐核や前頭前野ドパミンの放出量は同じエサを食べ続けると徐々に減少していき，やがてラットはそのエサを食べるのをやめる．ここで別種のエサを与えるとラットは再び食べ始めるが，同時にドパミン放出量も増加する．新規性が報酬に対する動機づけを強める現象は性行動でも観察できる．この現象はクーリッジ効果と呼ばれている．オスのラットは1日に数回射精することができる．オスラットとメスラットを一つのケージのなかに入れると，オスはメスと交尾して数回射精した後，交尾するのをやめる．ここで，メスを別のメスに入れ替えるとオスは再び交尾を始める．クーリッジ効果においても感覚特異的満腹と同様に側坐核のドパミン放出量の変化が行動と相関していることが報告されている[20]（図4.8B）．

ストレス

われわれはストレスにさらされると食欲が増えたり減ったりする．また，ストレスは勃起不全や早期射精など性機能障害との関連も示唆されている[21]．ラットでもストレスを与えることによって摂食行動が変化する[22]．興味深いことに，通常ラットはストレスを受けると摂食量が減少するが，ラードや砂糖などの嗜好性の高いエサを与えると逆に摂食量が増える．また，ストレスによって放出されるホルモンは空腹や満腹に関するホルモンや報酬系の働きを調節することが報告されている[22,23]．

上記のように報酬行動の調節因子は恒常性の維持というホメオスタシスの観点からは容易に説明できない．一部の研究者はこうした複雑な行動の調節はホメオスタシスよりも，アロスタシス（Allostasis）という概念を用いた方がよく説明できるとしている[16,17,22]．ホメオスタシスが実際の体内環境の変化を感知してから制御するのに対して，アロスタシスでは外界や体内環境の変化を事前に予測して制御する（図4.9）[16]．アロスタシスは予測によって変化が起きる事前に準備をすることで実際の変化が起きたときの負担を少なくでき，変化が起きてから事後的に対応するホメオスタシスより安全で効率的な仕組みであるといえる[16]．実際にアロスタシスの観点から上記の報酬行動の調節を考えてみる．上記でマウスは労力の必要なエサをより好むことを述べた．ホメオスタシスの観点からは現在の体内環境で不足している栄養分を含むエサが好まれるだけで，求められるエサとエサが通常必要とする労力は無関係である．よって，ホメオスタシスではこの

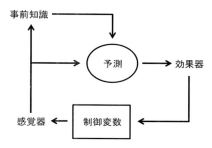

図 4.9　アロスタシス（Sterling, 2012）[16]

行動を説明することはできない．一方，アロスタシスの（将来の予測を含めた）観点から考えてみる．労力の必要なエサに含まれる栄養分は簡単に得られる餌に含まれる栄養分よりも入手が困難であるため将来欠乏する可能性がより高いと考えられる．よって，アロスタシスの観点からは労力の必要なエサは食べられるときに食べておくのが望ましく，実際のマウスの行動を説明できる．

4.5　性行動におけるオスラット側坐核ニューロンの応答

　報酬系において側坐核は重要な役割を果たす．たとえば，側坐核はドパミンニューロンのおもな投射先の一つであり，動機づけや学習に関与する．また，側坐核外殻には快楽ホットスポットが存在し，食物報酬の快感にかかわる．一方，側坐核の個々のニューロン応答は摂食行動においてよく調べられているが，基本的な報酬の一種である性行動においてはほとんど調べられていない．そこで筆者らは性行動中のオスラットの側坐核から個々のニューロン活動を記録する以下の実験を行った[24]．

　実験では二重網で二つに仕切られたケージを用いた（図4.10）．最初にオスをケージの一方に単独で入れ（期間1），5分後に発情したメスをもう一方に入れた（期間2）．さらに5分後に二重網を取り外し自由に交尾させた（期間3）．オスが射精してから1分待ち（期間4），メスを取り出し二重網の仕切りを取りつけた．射精してから10分のインターバルをおいた後，期間1～4をさらに2回繰り返した．

　側坐核が報酬行動において多様な機能を示すことと一致して，上記の期間1～4の期間での応答パターンはニューロンによって様々であった（図4.11A）．た

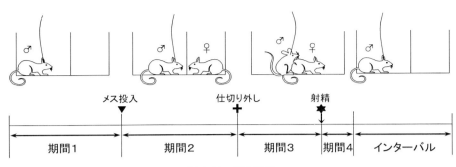

図4.10 実験概要

とえばあるニューロンは期間2でメスと出会うと活動が増加し，期間3でメスと交尾を始めるとさらに活動が上昇した（図4.11Aa）．このニューロンは射精後の期間4では急激に活動を低下させた．また，別のニューロンは射精をすると活動が増加し，数分で活動は収まった（図4.11Ab）．通常射精後オスは数分間性行動を行わなくなる（この期間を射精後不応期という）．これらのことから，このニューロンの活動は射精後不応期に対応していることが示唆された．また別のニューロンでは期間2でメスと仕切り越しにいるときのみ活動が増加し，交尾を始めると活動は雄単独でいるときと同程度に低下した（図4.11Ac）．

ニューロンは状況や脳部位によって異なる周波数帯域でリズミカルな活動（オシレーション）を示す．そこで，本実験で記録した側坐核ニューロンについても活動の増減だけでなくオシレーションの変化を調べた（図4.11B）．その結果，射精後の期間4に，睡眠中などによくみられる1〜4Hz(デルタ帯域)の比較的ゆっくりとしたオシレーションを起こすニューロンが数多く見られた．これは射精後の行動の不活性化と関連している可能性が示唆される．興味深いことにデルタ帯域の脳波はヒトにオピオイドを投与したときにもみられ，この射精後の顕著なデルタ帯域の活動は射精の快感にも関与していることが示唆される．実際に，ヒトにオピオイド作動薬を注入すると，激しい多幸感（rush of euphoria）の後，リラックスした状態がしばらく続く，"薬物性オルガズム"が引き起こされることや，オスラットにオピオイド阻害薬を注入すると射精による条件づけ場所嗜好性の獲得が障害されることが報告されている[25]．

最後に，マウント前後の期間についてニューロン活動を調べると，食物報酬に対する応答との興味深い相関性が認められた．食物報酬に対しては側坐核の高発

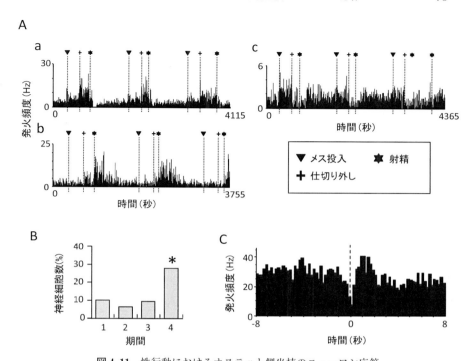

図 4.11 性行動におけるオスラット側坐核のニューロン応答
A：各期間における三つ（a〜c）のニューロンの応答パターン．B：各期間においてデルタオシレーションを呈するニューロン数．C：マウント前後の高発火性ニューロンの応答．0 秒はマウントの終了時に対応する．

火性ニューロンが抑制されることが報告されているが，われわれの実験においてマウント前後でも同様に高発火性ニューロンの抑制がみられた（図 4.11C）．側坐核の高発火性ニューロンは腹側淡蒼球から抑制性の入力を受けることが報告されている．また，腹側淡蒼球には快楽ホットスポットが存在し，上記のように食物報酬の快感に関連して応答するニューロンが存在する．以上から，高発火性ニューロンの活動の抑制は快感に関与していることが示唆される．一方，高発火性ニューロンの抑制が報酬に対する学習を促進させるという報告もある[26]．これらのことから，高発火性ニューロンの抑制は，食物を摂取したり，メスにマウントしたりする本能行動発現時の快感に関与している可能性が示唆される．

以上の性行動におけるオスラット側坐核のニューロン応答から，側坐核が報酬行動において多様な機能をもつ可能性が支持されるとともに，食物報酬と性的報

酬に共通して作動する神経メカニズムが存在することが示唆された．たとえば高発火性ニューロンの抑制は食物報酬だけでなく，マウントによっても引き起こされることが明らかになった．食物報酬などの単一の報酬に対する報酬系の働きを調べるだけでは，その働きが食物報酬に特徴的なものか，あるいは報酬の種類によらない普遍的なものなのかは不明である．報酬系の働きを理解したり，報酬系の働きの異常がどのような障害をもたらすかを理解したりするためには，性行動をはじめ食物以外の種々の報酬に対する報酬系の働きを調べることも重要であると考えられる．

おわりに

報酬行動を担う報酬系の存在はOldsらによって自己刺激行動を調べることによって明らかにされた[2,3]．その後の多くの研究で報酬系において報酬行動の動機づけ，快感，学習などの異なる側面に対して異なる神経メカニズムが働いていることが明らかになった．一方，報酬行動は食物報酬に対してよく研究されているが，食物報酬に関する研究で明らかにされたこれらの神経メカニズムが他の種類の報酬に対して普遍性があるのかさらに検討が必要である．

報酬行動が動物の生存に必要なことはいうまでもない．報酬行動は，さらに動物がよりよく生きることにも重要である．たとえば，労力や新規性などによる複雑な報酬行動の制御は，単にホメオスタシスに従っているのではなく，将来の変化を見越した調節であるアロスタシスに従って作動していると考える方が理解しやすい．一方，われわれが暮らしている現代社会は，動物が長い間報酬行動を進化させてきた環境とはかなり異なる．このため，進化の過程で獲得されたアロスタシスの調節の仕組みが現代社会では必ずしもよい方向に機能しないことが考えられる．たとえば，テレビやインターネット広告などでわれわれはたえず報酬に関連した条件刺激にさらされている．また，非常に嗜好性の高い食物がそれほど努力せずとも得られる．あるいは報酬系を直接刺激する種々の薬物も存在する．異常に強く長いストレスにさらされることもある．こうした現代社会では，肥満や心因性の性機能障害や摂食障害，薬物依存など種々の報酬行動に関する障害も増加している．これらの障害を回避し，健康な生活を送るためには，報酬行動と現代社会生活の間にどのように折り合いをつけるべきか考えるだけでなく，新たな治療薬の開発も必要とされている．そのためにも，今後報酬行動の複雑な制御

原理の解明が進むことが期待される． ［松本惇平・小野武年・西条寿夫］

文　献

1) Schultz W : Reward. *Scholarpedia* **2**(3) : 1652, 2007.
2) Olds J, Milner P : Positive reinforcement produced by electrical stimulation of septal area and other regions of rat brain. *J Comp Physiol Psychol* **47**(6) : 419-427, 1954.
3) Olds J, Olds J : Drives and reinforcements : Behavioral studies of hypothalamic functions. New York : Raven Press, 1977.
4) 小野武年, 佐々木和男：報酬系. 新生理科学大系 11 行動の生理学（久保田 競, 小野武年編）, 医学書院, pp. 160-208, 1989.
5) Pickens R, Harris WC : Self-administration of d-amphetamine by rats. *Psychopharmacologia* **12**(2) : 158-163, 1968.
6) Bear MF, Connors BW, Paradiso MA : Neuroscience : Exploring the Brain, Third Edition, Lippincott Williams and Wilkins, 2006.（邦訳：加藤宏司ほか監訳：神経科学―脳の探求, 西村書店, pp. 395-412, 2007）
7) Berridge KC, Kringelbach ML : Affective neuroscience of pleasure : reward in humans and animals. *Psychopharmacology* (Berl) **199**(3) : 457-480, 2008.
8) Salamone JD, Correa M, Nunes EJ, Randall PA, Pardo M : The behavioral pharmacology of effort-related choice behavior : dopamine, adenosine and beyond. *J Exp Anal Behav* **97**(1) : 125-146, 2012.
9) Barbano MF, Cador M : Opioids for hedonic experience and dopamine to get ready for it. *Psychopharmacology* (Berl) **191**(3) : 497-506, 2007.
10) Berridge KC, Ho CY, Richard JM, DiFeliceantonio AG : The tempted brain eats : Pleasure and desire circuits in obesity and eating disorders. *Brain Res* **1350** : 43-64, 2010.
11) Pfaus JG, Phillips AG : Role of dopamine in anticipatory and consummatory aspects of sexual behavior in the male rat. *Behav Neurosci* **105**(5) : 727-743, 1991.
12) Schultz W : Updating dopamine reward signals. *Curr Opin Neurobiol* **23**(2) : 229-238, 2013.
13) Schultz W : Reward signals. *Scholarpedia* **2**(6) : 2184, 2007.
14) 銅谷賢治：強化学習の計算論. 医学のあゆみ **202**(3) : 175-179, 2002.
15) Bromberg-Martin ES, Matsumoto M, Hikosaka O : Dopamine in motivational control : rewarding, aversive, and alerting. *Neuron* **68**(5) : 815-834, 2010.
16) Sterling P : Allostasis : a model of predictive regulation. *Physiol Behav* **106**(1) : 5-15, 2012.
17) Johnson AW : Eating beyond metabolic need : how environmental cues influence feeding behavior. *Trends Neurosci* **36**(2) : 101-109, 2013.
18) Berridge KC : Modulation of taste affect by hunger, caloric satiety, and sensory-specific satiety in the rat. *Appetite* **16**(2) : 103-120, 1991.
19) Ahn S, Phillips AG : Dopaminergic correlates of sensory-specific satiety in the medial prefrontal cortex and nucleus accumbens of the rat. *J Neurosci* **19**(19) : RC29, 1999.
20) Fiorino DF, Coury A, Phillips AG : Dynamic changes in nucleus accumbens dopamine efflux during the Coolidge effect in male rats. *J Neurosci* **17**(12) : 4849-4855, 1997.

21) Laumann EO, Paik A, Rosen RC：Sexual dysfunction in the United States. *JAMA* **281**(6)：537-544, 1999.
22) Adam TC, Epel ES：Stress, eating and the reward system. *Physiol Behav* **91**(4)：449-458, 2007.
23) Berridge KC：'Liking' and 'wanting' food rewards：brain substrates and roles in eating disorders. *Physiol Behav* **97**(5)：537-550, 2009.
24) Matsumoto J, Urakawa S, Hori E, de Araujo MF, Sakuma Y, Ono T, Nishijo H：Neuronal responses in the nucleus accumbens shell during sexual behavior in male rats. *J Neurosci* **32**(5)：1672-1686, 2012.
25) Georgiadis JR, Kringelbach ML, Pfaus JG：Sex for fun：a synthesis of human and animal neurobiology. *Nat Rev Urol* **9**(9)：486-498, 2012.
26) Lansink CS, Goltstein PM, Lankelma JV, Pennartz CM：Fast-spiking interneurons of the rat ventral striatum：temporal coordination of activity with principal cells and responsiveness to reward. *Eur J Neurosci* **32**(3)：494-508, 2010.

5 情動発現と社会行動

　われわれヒトは，友人と過ごす時間を楽しいと感じたり，一方で友人と喧嘩をした場合には相手を憎々しく思ったり，また異性を恋い焦がれたり，子どもの成長を微笑ましく思ったりと，社会行動に伴って様々な情動を感じる．そしてヒトは言語を通して情動を伝えることが可能であるため，被験者が嘘をつかないという前提は必要であるものの，質問票に答えてもらうことで情動を直接的に研究することが可能である．情動を生み出すのに重要な働きをしている大脳辺縁系の構

図 5.1　情動研究の概念図
質問票に答えてもらうことにより，ヒトの情動を研究することは可能であるが，ヒト以外の動物種の情動は，なんらかの反応を観察する必要がある．

造は，ヒトを含む哺乳類において広く保存されているため，ヒト以外の動物種においても社会行動によって様々な情動を感じていることが推測される．しかし一方でヒトとヒト以外の動物種との間では，手話を学んだサル等ごく少数の例を除いて，言語など共通のシグナルを用いた双方向のコミュニケーションが成立しないため，彼らが実際にどのような情動を感じているかを正確に知ることは不可能である．そのため，ヒト以外の動物種が感じている情動を推測するためには，それに伴って引き起こされる何らかの反応を観察する必要がある（図5.1）．

たとえば動物がある刺激に対して，「もう一度体感したい」と思うような快い

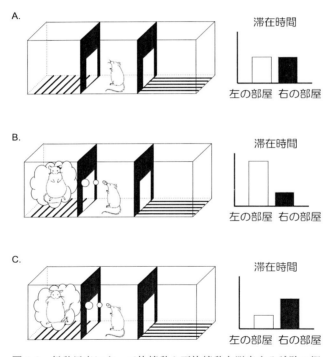

図5.2 行動反応によって快情動や不快情動を測定する試験の概念図

A：左右の部屋に対して嗜好性はないため，ラットは左右の部屋に同程度滞在する．B：左の部屋にて異性と性行動を行うと，たとえ異性がいなくても，左の部屋に滞在することを好むようになる（条件づけ場所嗜好性）．C：逆に，左の部屋にて同性から攻撃行動を受けると，たとえ同性がいなくなっても左の部屋に滞在することを避けるようになる．

情動を感じていたことを推測する方法として，条件づけ場所嗜好性試験がある．二つの明瞭に異なる部屋が繋がっている実験装置にラットを導入し，実験期間中にラットがそれぞれの部屋に滞在した時間を計測すると，二つの部屋の間にラットにとって意味のある違いは存在しないため，それぞれの部屋に滞在した時間は同程度となる（図 5.2A）．しかし，たとえば異性と出会い性行動を行うといった社会行動を一方の部屋で行うと，ラットは以後そちらの部屋に滞在することを好むようになり，2 部屋の間で滞在時間に差が生じることが知られている（図 5.2B）．このことは，異性との性行動はラットにとって「もう一度体験したい」快情動を生む社会行動であったため，もう一度行えることを期待して，そちらの部屋へ滞在していると考えられる．これは，われわれがよいことが起こったときの行動をジンクスとして以後何度も繰り返してしまうのと同様であろう．これとは反対に，「二度と体感したくない」と思うような不快な情動を感じていたことも，様々な反応を観察することで推測することが可能である．たとえば上記と同じ装置を用いて，一方の部屋で体験する社会行動を異性との性行動から同性からの攻撃に変えると，以降ラットはその部屋に滞在することを好まなくなり，その部屋の滞在時間が短縮するようになる（図 5.2C）．こちらも，悪いことが起こったときの行動を，縁起が悪いと避けるのと同様であろう．

5.1　動物の嗅覚系

　多くの動物種は，おもに視覚に頼っているわれわれヒトからは想像できないほど，非常に発達した嗅覚をもっていることが知られている．イヌやネコの飼い主の多くは，外出先で他のイヌやネコを撫でると帰宅後に必ず察知されて，匂いを嗅がれることを体験していると思う．またこの発達した嗅覚を利用して，空港では麻薬探知犬や銃器探知犬が活躍しており，癌に由来して呼気中の匂いが変化することを利用して癌探知犬の育成も試みられている．さらに近年タンザニアでは地雷や結核を探知するラットが育成されており，またオランダ警察では銃器の使用を鑑別するためにラットを利用することが試みられている．

　動物が匂いを受容する経路には，主嗅覚系と鋤鼻系という大きく分けて二つの経路が存在する．主嗅覚系は様々な匂いを感知する経路であり，われわれはこの経路によってたとえばコーヒーやバラの匂いなどを感じている．主嗅覚系では，鼻孔から吸い込まれた空気が嗅上皮と呼ばれる嗅神経細胞で構成される感覚上皮

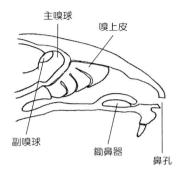

図 5.3　ラット頭部の矢状断面概略図

へと流れ込み，含まれている化学物質が嗅神経細胞に発現している嗅覚受容体と結合する．その後，それらの情報は主嗅球へと伝達され，さらに様々な脳部位へと伝達されていく（図 5.3）．もう一つの経路である鋤鼻系では，鼻孔から吸い込まれた空気中に存在する化学物質が鼻腔内で鼻粘液内に溶け込む，もしくは鼻先が直接接触することで鼻先に付着した低揮発性物質がそのまま鼻腔内へと輸送され，それらの物質を含む粘液が鼻中隔の基部に存在する鋤鼻器の中へと取り込まれて，鋤鼻上皮を構成している鋤鼻神経細胞の鋤鼻受容体に結合する．そして，その情報は副嗅球へと伝達された後，視床下部や扁桃体へと伝達されていく（図 5.3）．しかし残念ながらわれわれヒトでは鋤鼻器は退行してしまったため，鋤鼻系で匂いを感知するという感覚がどのようなものかを想像することは難しい．以前はこの 2 つの経路に明確な役割分担があり，揮発性の高い化学物質は主嗅覚系で，揮発性の低い化学物質や蛋白質は鋤鼻系でそれぞれ受容されると考えられていた．もしくは機能によって役割分担があるということも考えられており，われわれが感じるのと同様に匂いは主嗅覚系で，一方「動物個体から放出され，同種他個体にたとえば明確な行動反応を引き起こしたり，生理過程に作用して間接的に個体の発達や生殖機能などに影響を与えたりする等，ある特定の反応を引き起こす物質」と定義されるフェロモンと呼ばれる物質[1]は鋤鼻系で受容されるとも考えられていた．しかし近年の研究結果より，このような役割分担は存在しないことが判明し，化学物質に応じてどちらか，もしくは両者の経路によって受容されていることが明らかとなりつつある．

5.2 社会行動を司る匂い

このような二つの嗅覚系で受容される匂いは，動物の社会行動に重要な働きをしていることが明らかとなっている．たとえばイヌは，散歩中に様々な場所で尿を用いてマーキングをすることで，自分の健康状態や繁殖状態，縄張りといった情報を発信するとともに，他のイヌが行ったマーキングを嗅ぐことで他のイヌのこうした情報を得ている．またネコは新しい環境に置かれると，しきりと頬や顎を突起物にこすりつけたり，尿を後方に放出（尿スプレー）したりすることでマーキングを行うが，このマーキングは自分の縄張りを主張するために利用されていると考えられている．また基礎的な研究が進んでいる齧歯類でも，たとえば母ラットがある特定の時期になるとフェロモンを放出し，活発に動き回り始めたもののまだ1匹では生きていけない子ラットを巣に引き寄せることで，子ラットが迷子にならない手助けをしていると考えられている．またオスマウスは，自分のテリトリーに侵入してきたオスマウスに対しては攻撃を仕かけ，メスマウスに対しては性行動を試みることが知られているが，鋤鼻器の機能を傷害されているとオスマウスに対しても性行動を仕かけるようになる，というように社会行動が変容することが知られている．現在のところ，このような社会行動の背景となる情動に関しては明らかとされていないが，動物たちの発達した嗅覚系と，社会行動における匂いの重要性を考えると，縄張り内につけられた自分の匂いを嗅ぐと安心し，母フェロモンに思慕の情を感じるため引き寄せられ，メスの匂いを嗅ぐと性欲が喚起されるというように，社会行動を司る匂いは情動を喚起していると推察される．

5.3 警報フェロモン

このような社会行動を司る匂いの一つに，警報フェロモンというフェロモンが知られている．警報フェロモンとは，ストレス下にある個体が放出するフェロモンであり，魚類からわれわれヒトを含めた哺乳類まで，その存在は幅広く知られている．しかし一方で，下等な動物種が警報フェロモンに対して忌避行動を示すのとは対照的に，哺乳類はステレオタイプな反応を示さないためフェロモン効果を測定することが難しく，その理解が進んでいなかった．そこで筆者らは，まずラット警報フェロモンの存在を確認し，その効果を測定すべく以下の実験を行っ

た．

　電気ショックを負荷できる実験箱を用意し，そこに警報フェロモンを放出させるためにオスラットを2頭導入した．このように，フェロモンを放出させるために準備したオスラットを，以後はドナーと呼ぶこととする．実験箱内でドナーに電気ショックを負荷するので，もし本当にラット警報フェロモンが存在するのであれば，この実験箱内には警報フェロモンが充満すると考えられる．電気ショック後ドナーを取り出し，実験箱を異なる部屋へと運んだ後，新たに別のオスラットを導入した．このように，被験動物としてドナーから放出されるフェロモンや匂いに晒されるオスラットを，以後はレシピエントと呼ぶこととする．レシピエントにとって実験箱は新奇環境であるため，導入されると体温が一過性に上昇するとともに探索行動を示すが，事前にドナーが電気ショックを受けた実験箱に導入されたレシピエントでは，これらの反応が増強されることが明らかとなった（図5.4）．以上の結果から，ラットは電気ショックを受けると警報フェロモンを放出し，他のラットの自律機能反応と行動反応を増強することが明らかとなった[2]．

　次に，レシピエントの自律機能反応と行動反応を指標として用い，ドナーが警報フェロモンを放出する能力におけるテストステロンの役割を検討した．テストステロンとはおもに睾丸から分泌される男性ホルモンの1種で，様々なフェロモンの放出能力に重要な役割を担っていることが知られている．また同時にテストステロンは，ストレス反応にも多大な影響を与えていることも知られている．そのためストレスを受けたラットが放出するフェロモンである警報フェロモンの放出能力にも，テストステロンが何らかの役割を担っている可能性が考えられる．このことを検証するため，テストステロンの主な産生器官である睾丸を取り除いた去勢ドナーを作製し，上記と同じ実験を行った．その結果，去勢ドナーから放出された警報フェロモンはレシピエントの自律機能反応を増強するものの，行動反応は増強しないことが明らかとなった．この変化，すなわちレシピエントの行動反応に影響を与えなくなる現象がテストステロン依存性であることをさらに確認するために，去勢した後にテストステロンを皮下に埋め込むことで，テストステロンを投与したドナーを作製し実験を行った．その結果，このドナーから放出された警報フェロモンは再び行動反応を増強するようになった．以上の結果より，警報フェロモンを放出してレシピエントの行動反応を増強するには，テストステロンが必要であることが明らかとなった[3]．またこの結果から，ドナーが放出す

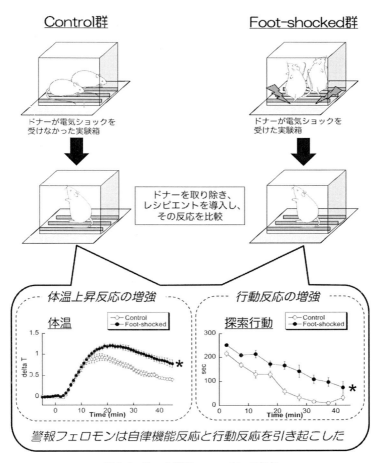

図 5.4 ラット警報フェロモンの存在
事前にドナーが電気ショックを受けた実験箱に導入されたレシピエント（Foot-shocked 群）は，事前にドナーが電気ショックを受けなかった箱に導入されたレシピエント（Control 群）と比較して，体温上昇反応の増強と，行動反応の増強を示す．

る警報フェロモンは一つではなく実は2種類に分類することができ，その一つは行動反応を，もう一つは自律機能反応をそれぞれ増強することが推測された．

警報フェロモンが実は2種類存在するという仮説を証明するには，両者の警報フェロモンを1種類ずつ放出させることが可能であるということを示すことが，1番直接的であると考えられる．警報フェロモンは電気ショックに伴って放出さ

れるため，ドナーが電気ショックに対して示す様々な行動がその放出に関与していると考えられる．その一つとして，髭の立毛があげられる．立毛は立毛筋の収縮によって引き起こされる現象であるが，この筋収縮は毛の周囲に存在する皮脂腺を同時に圧迫するため，皮脂腺内容物が放出されることによって毛穴から匂いが放出されることが知られている．また立毛すると皮膚表面の空気循環がよくなるため，放出された匂いが効率よく拡散されることも知られている．そのため，この立毛が警報フェロモン放出にかかわっている可能性が考えられる．もう一つの行動として，肛門周囲腺の内容物を放出することがあげられる．この腺はラットを含め多くの動物種で肛門上皮の直下にあり，たとえばスカンクやキツネなどでは，肛門周囲腺内容物は防御や警報の目的で使われていることが逸話的に知られている．そのためラットにおいても，警報の目的で肛門周囲腺内容物を放出する可能性が考えられる．これらの可能性を検討するため，本実験ではドナーであるオスラットに麻酔を施した後，その頬部や肛門周囲部の皮下に針を2本刺した．その後ドナーを実験箱内に静置し，2本の針を利用することで局部電気刺激を行い，髭の立毛を引き起こしたり，肛門周囲腺内容物の放出を促したりすることで，これらの行動に伴う匂いの放出を促した．電気刺激後ドナーを取り出し，レシピエントを実験箱に導入し自律機能反応および行動反応を観察することで，実験箱内に警報フェロモンが存在するかを判定した．その結果，肛門周囲部への電気刺激に伴って放出された匂いはレシピエントの自律機能反応を，頬部への電気刺激に伴って放出された匂いはレシピエントの行動反応を，それぞれ増強することが明らかとなった（図5.5A, B）．また，頸部や腰部への電気刺激に伴って放出された匂いは，いずれの反応にも影響を与えないことが明らかとなった．以上の結果を，テストステロンの役割を検討した実験結果と考え合わせると，ドナーが電気ショックを負荷された際に放出する警報フェロモンは2種類に分類することが可能であることが明らかとなった[4]．すなわち，一つは頬部よりテストステロン依存性に放出されてレシピエントの行動反応を増強するフェロモン，もう一つは肛門周囲部よりテストステロン非依存性に放出されるフェロモンである．

　これら2種類の警報フェロモンを比較すると，群れの仲間に危険を知らせる必要性は雄ラットに限定されることではないため，男性ホルモンの1種であるテストステロンに依存しないフェロモン，すなわちレシピエントの自律機能反応を増強するフェロモンの方が，生物学的により重要であると考えられる．そのため，

5.3 警報フェロモン　　85

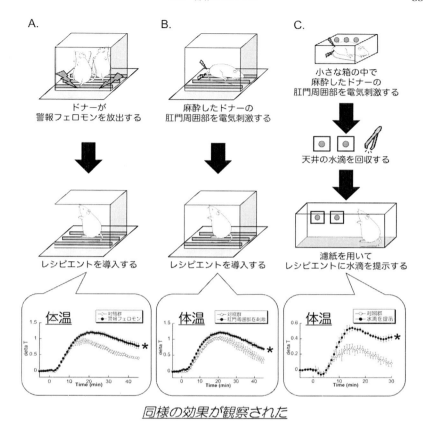

図5.5 警報フェロモンの放出部位およびその捕捉方法
ドナーに電気ショックを負荷するかわりに，麻酔下ドナーの肛門周囲部を局部電気刺激することで，レシピエントに体温上昇反応の増強を引き起こすフェロモンを放出させることが可能であった．またこのフェロモンは，水中に捕捉することが可能であった．

以後の研究ではこのフェロモンに注目することとした．現時点でレシピエントに警報フェロモンを提示するには，あらかじめドナーを実験箱に導入しフェロモンを放出させた後，レシピエントを同じ実験箱に導入する必要があった．しかしこの方法では，フェロモン効果は実験箱内で観察できる反応に限られる，という大きな制約が伴っていた．そこでさらなる研究の前段階として，警報フェロモンを何らかの吸着剤に捕捉して，実験箱の外に持ち運ぶ方法を開発することとした．先行研究により，足の届かない水槽にラットを導入し，その泳いでいる行動を観

察するという強制水泳試験において，泳がされたラットは警報物質を水中に放出し，次に泳ぐラットの行動に影響を与えるという現象が報告されている．このことから警報フェロモンは水溶性の物質である可能性が考えられたため，警報フェロモンを水中に捕捉する方法を検討した．その結果，小さな箱のなかに麻酔下のドナーを導入し，肛門周囲部へ電気刺激を負荷することにより警報フェロモンの放出を促した後に，あらかじめ天井に噴霧してあった水滴を回収し，濾紙を用いてレシピエントに提示したところ，水滴はレシピエントの体温上昇反応を増強することが明らかとなった（図 5.5C）．そのため，この方法を用いてフェロモンを水滴中に捕捉すること可能となった[5]．

　上記の方法を用いてフェロモンを水中に捕捉することで，フェロモンを自由に持ち運ぶことが可能となり，より詳細な解析が可能となった．そこでまずこれまで解析を行ってきたフェロモンが，本当に警報フェロモンであることを確認することとした．肛門周囲部より放出されるフェロモンは電気ショックというストレスにさらされたドナーが放出するフェロモンであり，またこのフェロモンが増強する体温上昇反応の強度はその動物の不安レベルを反映していることが薬理学的研究より示唆されているため，レシピエントはフェロモンを受容することによって不安レベルが上昇したと推察できることから，筆者らはこのフェロモンを警報フェロモンと考えてきた．しかし一方で体温上昇反応以外のフェロモン効果を観察していないため，このフェロモンは単純に代謝を活性化させるフェロモンである可能性，すなわち警報の意味をもっていない可能性が捨てきれない．そこで肛門周囲部より放出されるフェロモンの効果を，体温上昇反応とは無関係な三つの実験系において観察することとした．

　まず一つ目として，改良型オープンフィールド試験を行った（図 5.6A）．この試験は，サンプルが提示されているオープンアリーナと，レシピエントが逃げ込める安全な隠れ家からなる実験装置で行動を観察する試験であり，たとえば捕食者であるネコの匂いをサンプルとして提示すると，ラットは隠れ家に逃げ込むといった防御行動や，隠れ家から頭を出して外の様子をうかがうという危険評価行動が増加することが報告されている．またこれらの行動反応の強度は，不安レベルを反映していることが薬理学的研究により示唆されている．そこで肛門周囲部より放出されるフェロモンをサンプルとして用いて改良型オープンフィールド試験を行ったところ，レシピエントは上述の防御行動および危険評価行動の増加を

示した[6]. そのためこのフェロモンはネコの匂いと同様の意味をもち, レシピエントの不安レベルを上昇させたことが示唆された.

次に肛門周囲部より放出されるフェロモンが性行動に与える影響を検討した (図5.6B). 恐怖や不安という情動が動物の, とくに雄個体の性行動を抑制することが他の齧歯類において観察されており, たとえば捕食者であるイタチの匂い

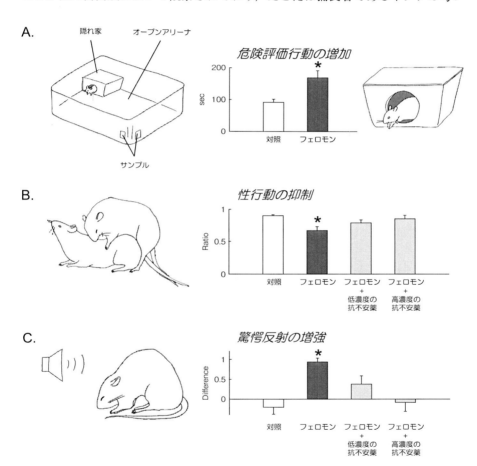

図5.6 肛門周囲部より放出されるフェロモンが引き起こす不安関連反応
A: 改良型オープンフィールド試験において, フェロモンはレシピエントが隠れ家から外の様子をうかがう危険評価行動を増加させた. B: 性行動試験において, フェロモンはオスの挿入成功率を減少させ, 性行動を抑制した. またこのフェロモン効果は抗不安薬の投与により緩和された. C: フェロモンは聴覚性驚愕反射を増強した. またこのフェロモン効果は抗不安薬の投与により緩和された.

が存在すると，ハタネズミは性行動を示さなくなることが報告されている．そこでこのフェロモンが性行動に与える影響を検討したところ，フェロモンは雄のレシピエントに作用して性行動を抑制することが明らかとなった．またその効果は，事前に抗不安薬を投与することで緩和されることも明らかとなった[7]．そのため本実験結果もまた，このフェロモンが警報の意味をもっており，レシピエントの不安レベルを上昇させたことを示唆するものであった．

最後に，肛門周囲部より放出されるフェロモンが聴覚性驚愕反射に与える影響を検討した（図5.6C）．聴覚性驚愕反射とはほぼすべての哺乳類に観察される反射であり，突然大きな音を聞くと首や肩の筋肉が収縮する反射である．ラットにおけるこの反射は捕食者であるキツネの匂いが存在すると増強することが知られており，また反射の強度は動物の不安レベルを反映していることがヒトを対象とした研究や，薬理学的研究により示唆されている．そこで驚愕反射に対するフェロモンの影響を観察したところ，フェロモンは驚愕反射を増強する効果をもつことが明らかとなり，またこの効果は様々な抗不安薬をレシピエントに投与することで緩和されることが明らかとなった[8]．そのため本実験結果も，肛門周囲部より放出されるフェロモンは捕食者の匂いと同様の意味をもち，レシピエントの不安レベルを上昇させることが示唆された．

これら一連の実験結果より，オスラットが肛門周囲部より放出するフェロモンは警報の意味をもつ警報フェロモンであり，レシピエントの不安レベルを上昇させることで様々な反応を引き起こすフェロモンであることが明らかとなった．

上記の研究と並行して，警報フェロモンを受容する経路を検討した．警報フェロモンは空気中に放出されるフェロモンであるため，レシピエントは嗅覚系でフェロモンを受容していることは明らかである．しかし嗅覚系には，前述したとおり主嗅覚系と鋤鼻系という大きく分けて二つの受容経路が存在しているため，そのどちらで警報フェロモンを受容しているかは不明であった．そこで警報フェロモンの受容経路を検討するため，あらかじめ鋤鼻器を外科的に摘除したレシピエントを作製し，レシピエントがフェロモンに対して示す反応を観察した．その結果鋤鼻器を摘除すると，警報フェロモンに暴露されてもレシピエントは体温上昇反応の増強を示さず，改良型オープンフィールド試験において防御行動や危険評価行動の増加を示さず，聴覚性驚愕反射の増強も示さなかった．また鋤鼻器は性行動を発現するためには必須であるため，鋤鼻器を摘除したレシピエントを用

いて性行動試験を行うことは不可能であった．以上の結果より，これまで観察された全てのフェロモン効果は鋤鼻器の摘除によって消失したため，警報フェロモンは鋤鼻系で受容されることが明らかとなった[9,10]．

さらに，鋤鼻器で受容された警報フェロモンが不安を惹起する神経メカニズムの解析を行った．警報フェロモンに暴露されたレシピエントの脳をサンプリングし，活動した神経細胞に特異的に発現する Fos 蛋白質を様々な神経核で観察したところ，不安に関連するといわれている分界条床核をはじめとして，扁桃体，視床下部および脳幹といったストレス反応にかかわる様々な領域で，その発現が上昇していた．そのため，これらの領域が警報フェロモン効果に関与することが明らかとなった[11]．また様々な領域において観察された Fos 蛋白質の発現パターンは，ネコの匂いを受容した際とは異なっていることから，警報フェロモン情報は特異的な神経回路によって伝達されていることが示唆された．

以上の研究結果より，警報フェロモンを介したコミュニケーションの概要が明らかとなった（図5.7）．雄ラットはストレスを受けると肛門周囲部より，水中

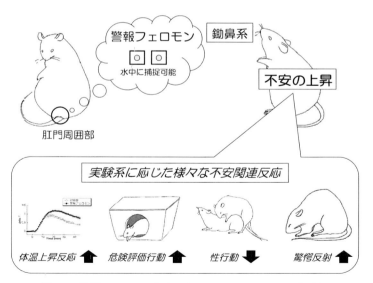

図 5.7 警報フェロモンを介したコミュニケーションの概略図
ストレスを受けたラットは肛門周囲部より，水中に捕捉可能な警報フェロモンを放出する．警報フェロモンを鋤鼻系で受容したラットは，不安レベルが上昇し，実験系に応じた様々な不安関連反応を示す．

に捕捉可能な警報フェロモンを放出する．このフェロモンは鋤鼻系を介して受容され，不安レベルを上昇させた結果，レシピエントに状況に応じた様々な反応を引き起こすのである．現在この中枢作用メカニズムの詳細な解析を進めるとともに，警報フェロモン分子の構造決定を目指している．

5.4　ストレスの社会的緩衝作用

　哺乳類のうち社会性の高いいくつかの動物種では，同種の他個体が存在するとストレスが緩和されることが知られており，この現象は社会的緩衝作用と呼ばれている．たとえばストレス反応が引き起こされるような難しいコンピュータゲームを被験者が行う際，他人から応援されると被験者が示すストレス反応が緩和されることが報告されている．ヒト以外の動物種でも同様の効果が観察され，たとえばラットを新奇環境に導入する際に他のラットと一緒に導入したり，ヒツジを社会的に隔離する際に他のヒツジの顔写真を提示したりすると，様々なストレス反応が緩和されることなども報告されている．またこの作用は，たとえばヒトでは他人よりも恋人の方が，またモルモットでも他のモルモットよりつがいの相手や母親の方が，より効果的であることが報告されているため，社会的緩衝作用はおそらく安心感といった情動によって引き起こされていると推測される．しかしこれまでのところ，現象の存在以上の理解がなされていなかった．そこで筆者らは，恐怖条件づけモデルを用いて，ラットの社会的緩衝作用を解析することとした．

　恐怖条件づけとは，それ自体ではストレス反応を引き起こさない中性刺激を，様々なストレス反応を引き起こす嫌悪的な刺激（無条件刺激）と同時に提示することを何度か繰り返すと，それ以降は中性刺激が無条件刺激と同じ反応を引き起こす条件刺激へと置換される現象である．たとえばラットはブザー音（中性刺激）に対してストレスを示さないが，ブザー音が電気ショック（無条件刺激）と同時に何回か提示されると，それ以降はブザー音が条件刺激となり，ラットは電気ショックに対して示すのと同様に様々なストレス反応を，ブザー音に対して示すようになる（図 5.8）．まずはこの現象を利用して社会的緩衝作用を観察できるかを検討した．被験動物としてその反応を観察するために用いるオスラットをサブジェクトと呼ぶこととし，ブザー音と電気ショックを同時に提示することで恐怖条件づけを行った．このようなサブジェクトを，条件づけ群と呼ぶ．同様に，

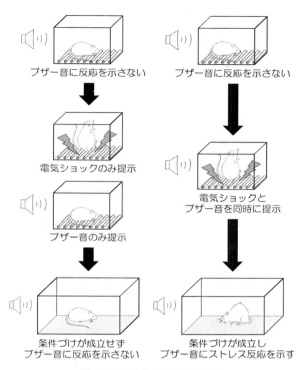

図 5.8 恐怖条件づけの概略図
ラットはブザー音と電気ショックが組み合わさずに提示されると（非条件づけ群），以降もブザー音に対してストレス反応を示さない．しかしブザー音が電気ショックと同時に何回か提示されると（条件づけ群），それ以降はブザー音に対して様々なストレス反応を示すようになる．

ブザー音と電気ショックを同じ回数体験するものの，別々に提示されるサブジェクトを対照群として作製し，非条件づけ群と呼ぶ．翌日，それぞれのサブジェクトに再びブザー音を提示すると，条件づけ群のサブジェクトは，非条件づけ群のサブジェクトと比較してすくみ行動をはじめとした様々なストレス反応を示した（図 5.9）．しかし条件刺激を提示される際に，以後アソシエートと呼ぶこととする他のオスラットが一緒にいると，条件づけ群のサブジェクトはストレス反応を示さなくなった（図 5.9）．そのため，上記の方法で社会的緩衝作用を観察可能であることが明らかとなった[12]．

次に，サブジェクトがアソシエートから受け取っているであろう，社会的緩衝

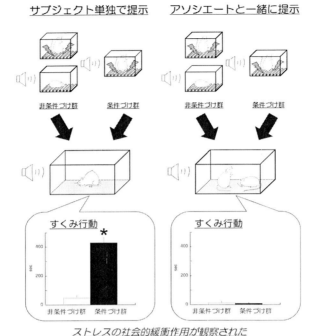

図 5.9 社会的緩衝作用による恐怖反応の抑制
サブジェクト単独で条件刺激を暴露されると，条件づけ群はすくみ行動をはじめ様々なストレス反応を示す．しかしアソシエートと一緒に暴露されると，条件づけ群は非条件づけ群と同程度のストレス反応しか示さなかった．

作用を引き起こすのに必要なシグナルを特定するために，様々な検討を行った．条件刺激を提示する際，サブジェクトとアソシエートを金網で仕切ることで2匹間の身体的接触を鼻と鼻との接触のみに制限しても，社会的緩衝作用は阻害されずに観察された（図5.10A）．しかし異種動物であるモルモットを金網越しに導入してもストレス緩衝作用は観察されなかったことから，アソシエートは同種である必要性が示唆された（図5.10B）．一方で，2匹間の仕切りを5 cmの隙間を設けた二重の金網へと変更し，身体的接触を完全に阻止しても，社会的緩衝作用は観察されたことから，2匹間の身体的接触は社会的緩衝作用に必要ないことが明らかとなった（図5.10C）．二重の金網を通して伝達される情報は視覚，聴覚および嗅覚シグナルの3つと考えられるため，まずは視覚と聴覚シグナルの重要

性を検討するために，二重の金網の中間に薄い透明なアクリル板を設置することで，これらの情報を保持したまま2匹間の仕切りを強化した．その結果，社会的緩衝作用が観察されなくなったことから，視覚と聴覚シグナルは社会的緩衝作用を引き起こすのに十分でないことが明らかとなった（図5.10D）．次に残った嗅

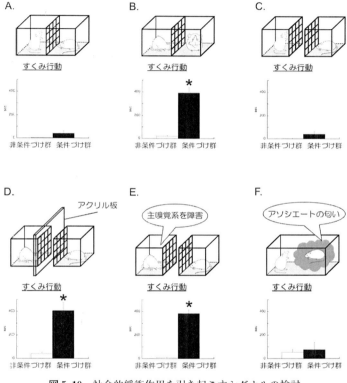

図5.10　社会的緩衝作用を引き起こすシグナルの検討
A：サブジェクトとアソシエートを金網で仕切ることで2匹の身体的接触を鼻と鼻との接触のみに制限しても，社会的緩衝作用は阻害されずに観察された．B：異種動物であるモルモットを金網越しに導入すると，社会的緩衝作用は観察されなかった．C：2匹間の仕切りを5cmの隙間を設けた二重の金網へと変更し，身体的接触を完全に阻止しても，社会的緩衝作用は観察された．D：二重の金網の中間に薄い透明なアクリル板を設置すると，社会的緩衝作用が観察されなくなった．E：サブジェクトの主嗅覚系をあらかじめ障害し，二重の金網越しのアソシエートと一緒に条件刺激を提示したところ，社会的緩衝作用が観察されなくなった．F：アソシエート由来の嗅覚シグナルを充満させた実験箱では，これまでと同様の社会的緩衝作用が観察された．

覚シグナルの重要性を検討するために，主嗅覚系の感覚上皮である嗅上皮をあらかじめ破壊したサブジェクトを作製し，二重の金網越しのアソシエートと一緒に条件刺激を提示したところ，ストレス緩衝作用が観察されなくなったことから，社会的緩衝作用には主嗅覚系で受容される嗅覚シグナルが重要な働きを担っていることが示唆された(図5.10E)．嗅覚シグナルの重要性をさらに検討するために，アソシエート由来の嗅覚シグナルのみで社会的緩衝作用を引き起こすことが可能であるかを検討した．その結果，事前にアソシエートを3時間導入しておくことでアソシエート由来の嗅覚シグナルを充満させた実験箱を作製し，そのなかで条件刺激をサブジェクトに提示すると，これまでと同様の社会的緩衝作用が観察された（図5.10F）．そのため，主嗅覚系で受容される嗅覚シグナルが社会的緩衝作用を引き起こしていることが明らかとなった[13,14]．社会的緩衝作用は，おそらく安心感といった情動によって引き起こされていることを考えると，この嗅覚シグナルは安寧フェロモンと呼べるであろう．

　上記の研究と並行して，社会的緩衝作用を引き起こす神経メカニズムの解析を行った．条件刺激によってストレス反応が引き起こされる神経メカニズムは明らかとされており，条件刺激はまず扁桃体，そのなかでもとくに外側核と中心核と呼ばれる部位を活性化し，その活性化が次に，たとえば行動反応や血圧上昇反応など個々のストレス反応を引き起こす神経核に伝達される結果，様々なストレス反応を引き起こすことが知られている[15]（図5.11A）．そのため，社会的緩衝作用によってストレス反応が緩和された場合，扁桃体の活性化が抑制された可能性と，扁桃体の下流に存在し個々のストレス反応を担当している神経核の活性化が抑制された可能性という，二つの可能性が考えられる．この点を明らかとするため，扁桃体および下流の神経核において神経活動の指標となるFos蛋白質の発現を解析したところ，アソシエートが存在すると扁桃体におけるFos蛋白質発現が抑制されることが明らかとなった[12]．そのため，上記の研究結果と考え合わせると，アソシエート由来の安寧フェロモンは，主嗅覚系の感覚上皮である嗅上皮で受容され，その後扁桃体へ伝達されてその活性化を抑制することで，サブジェクトに社会的緩衝作用を引き起こすことが示唆された．

　嗅上皮に存在し様々な匂い物質を受容する嗅神経細胞は，主嗅球のみに投射していることが解剖学的研究により明らかとされていることから，嗅上皮で受容された安寧フェロモン情報は他の神経核へと伝達されることは不可能であり，その

すべてが主嗅球へと伝達されると考えられる．その後この嗅覚シグナルが扁桃体を抑制するためには，主嗅球から扁桃体へと伝達される必要がある．しかし，主嗅球は扁桃体外側核や中心核に投射していないことが解剖学的に明らかとされているため，主嗅球が投射をしている領域を経由して扁桃体へと安寧フェロモン情報が伝達されていると推察される．そこで，主嗅球から安寧フェロモン情報を受

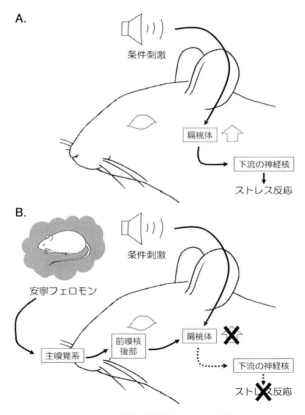

図 5.11 社会的緩衝作用の概略図
A：条件刺激であるブザー音は扁桃体を活性化し，その活性化が下流の神経核へと伝達されることで，様々なストレス反応を引き起こす．B:アソシエートから放出された安寧フェロモンは嗅上皮で受容された後，前嗅核後部を経て扁桃体へと伝達され，条件刺激による活性化を抑制する．その結果，下流の神経核が活性化しないため，サブジェクトはストレス反応を示さない．

け取っている領域を特定するために，主嗅球から投射を受けている五つの領域をそれぞれ破壊したサブジェクトを作製した．もし破壊した領域が安寧フェロモン情報を主嗅球から受け取っている領域であった場合，アソシエートが存在してもサブジェクトは社会的緩衝作用を示さなくなると予想される．その結果，五つの領域のうち前嗅核を含む嗅脚後内側部を破壊すると，サブジェクトは匂いの識別はできるにもかかわらず，社会的緩衝作用を示さなくなることが明らかとなった．またこの領域は，主嗅球から投射を受けるとともに，扁桃体外側核および中心核に投射をしていることも確認された．またさらなる研究結果より，嗅脚後内側部の中でもとくに前嗅核後部という領域が，社会的緩衝作用に重要な働きを担っていることが示唆された[14,16]．

以上の結果より，アソシエートから放出された安寧フェロモンは嗅上皮で受容された後に嗅脚後内側部，そのなかでもとくに前嗅覚後部へと伝達され，その後扁桃体へと伝達されることでサブジェクトの扁桃体を抑制する，という神経メカニズムの概要が明らかとなった（図5.11B）．現在は，この神経メカニズムのさらなる解明をめざすとともに，安寧フェロモン分子の同定をめざしている．

おわりに

以上のように，社会行動を司る嗅覚シグナル，とくにフェロモンは様々な情動を喚起することが明らかとなってきた．たとえば，ラットはストレスにさらされると警報フェロモンを肛門周囲部より放出し，鋤鼻系を介して近傍のラットに不安を惹起し，その結果状況に応じた様々な反応を引き起こすことが明らかとなった．また同様に，ラットは安寧フェロモンを放出し，近傍のラットは主嗅覚系でこれを受容することにより，おそらく安心感を感じることで，ストレス反応が緩和されることが明らかとなった．これらの実験モデルを用いてさらなる研究を行うことにより，不安や安心感といった情動のメカニズムが解明されていくことを期待する．

［清川泰志］

文　献

1) Karlson P, Luscher M：*Nature* **183**：55-56, 1959.
2) Kikusui T et al：*Physiol Behav* **72**：45-50, 2001.
3) Kiyokawa Y et al：*Horm Behav* **45**：122-127, 2004.
4) Kiyokawa Y et al：*Chem Senses* **29**：35-40, 2004.

5) Kiyokawa Y et al：*Chem Senses* **30**：513-519, 2005.
6) Kiyokawa Y et al：*Physiol Behav* **87**：383-387, 2006.
7) Kobayashi T et al：*Chem Senses* **36**：623-632, 2011.
8) Inagaki H et al：*Physiol Behav* **93**：606-611, 2008.
9) Kiyokawa Y et al：*Chem Senses* **32**：57-64, 2007.
10) Kiyokawa Y et al：*Chem Senses* **38**：661-668, 2013.
11) Kiyokawa Y et al：*Brain Res* **1043**：145-154, 2005.
12) Kiyokawa Y et al：*Eur J Neurosci* **26**：3606-3613, 2007.
13) Kiyokawa Y et al：*Eur J Neurosci* **29**：777-785, 2009.
14) Takahashi Y et al：*Behav Brain Res* **240**：46-51, 2013.
15) LeDoux JE：*Annu Rev Neurosci* **23**：155-184, 2000.
16) Kiyokawa Y et al：*Eur J Neurosci* **36**：3429-3437, 2012.

臨床編

6 うつ病

　情動の機能は，種々の動物で現在まで高度に保存されており，情動が適応にとって重要な機能を担ってきたことはほぼ間違いないと考えられる．実際，われわれの行動や意思決定は多くの場合情動的な文脈と関連してなされるし，情動の生起が適切な意思決定を行ううえで不可欠であることも示唆されている．多くの精神疾患で，この情動の過程に異常を認める．とくにうつ病においては，主要症状である抑うつ気分あるいは悲しみは，ネガティブ情動が過剰に生起される状態として，興味関心の喪失や喜びを経験することができなくなることは，ポジティブ情動が生起されなくなった状態と捉えることができる．さらに，うつ病では情動の生起の障害に加えて，情動の認知的制御機能に障害をきたしていることや，認知情報処理過程の偏りがネガティブな情動の生起・維持，あるいは逆にポジティブな情動が生起・維持されないことを引き起こしている可能性も示唆されている．

　このように，情動と関連した認知情報処理過程の様々な段階での異常や偏りがうつ病の病態形成に寄与していると考えられ，実際それを裏づける行動実験データも蓄積されている．さらに近年の脳神経画像技術の進歩により，うつ病でどのような脳領域に形態あるいは機能的変化が生じているかを調べることが可能となるとともに，機能的磁気共鳴画像法（functional magnetic resonance imaging：fMRI）と様々な賦活課題を用いて，うつ病でみられる認知情報処理過程の異常の脳内機構を直接調べることも可能となっている．

　本章では，うつ病の臨床徴候，うつ病の認知心理学的所見，およびうつ病の脳形態画像所見について先行研究の結果を順を追って概説するとともに，うつ病の病態解明にむけて筆者らが fMRI を用いて行ってきた研究を中心に，うつ病の脳機能画像所見について紹介する．

6.1 うつ病の臨床徴候

　米国精神医学会が発行する精神疾患の診断・統計マニュアル（DSM-IV-TR）では，うつ病の特徴は，抑うつ気分かほとんどすべての活動における興味または喜びの喪失のいずれかが少なくとも2週間の期間存在することとされている[1]．なおかつ，その他の症状（食欲，睡眠の変化，精神運動性の変化，易疲労性または気力の減退，無価値感または罪責感，思考力や注意力の減退，死についての反復思考や計画，企図）と合わせて五つ以上の症状が存在し，それは著しい患者の苦痛または社会的，職業的に機能の障害を伴う程度であり，1日の大部分，ほとんど毎日，2週間以上続いていることが必要となっている．

　上記の診断基準にあげられている九つの症状について簡単に説明する．抑うつ気分はうつ病の基本的な症状であり，その訴え方としては「気分が沈む」「気が滅入る」「なんとなく憂うつ」などがある．喜びや興味は喪失し，以前は興味をもっていた活動にも関心を示さなくなる．食欲は通常減退し，無理して食べていると感じているが，他方で食欲が亢進する場合もある．不眠はうつ病に最もよくみられる身体症状である．中途覚醒や早朝覚醒が典型的であるが，入眠困難もある．多くはないが過眠がみられることもある．精神運動の変化には焦燥（静かに座っていられない，皮膚や服をひっぱったりこすったりする，など）や制止（会話，思考，体動の遅いこと，応答の前の時間が長くなる，など）が含まれる．気力の低下，疲労感，倦怠感も広くみられる．簡単なことでも疲労感を感じ，洗顔や着替えでも時間がかかると訴えることがある．無価値感や罪責感には，過去の些細な失敗を繰り返し考えて「もう自分はだめだ」と思い込んだり，不運なできごとを自分に関連づけて過剰に自責的になるなど，現実を過度に悲観的にとらえることが含まれる．内容は妄想に発展することもあり，罪業妄想や心気妄想，貧困妄想のほかに被害妄想がみられることもある．思考力や集中力の低下のため作業能率は悪くなる．死についての考え，自殺念慮，自殺企図がしばしば存在する．その動機としては妄想に基づくものもあれば，本人が終わりがないと信じ込んでいる耐えがたいほどつらい状態を終わらせたいという思いからくることもある．

6.2 うつ病の認知心理学的所見

a. 表情認知

人間社会では，人と人とのコミュニケーションが生存のために重要な要因となるため，相手の表情や仕草ならびに言動などから相手の情動を理解し，必要に応じて表情表出により相手に自身の情動を伝える能力を発展させてきたと考えられる．うつ病では，この表情認知機能が変化していることが比較的一致した所見として報告されている．たとえば，うつ病では全般的な表情認知の障害に加えて，中性表情を悲しみと評価し，幸せな表情を中性と評価するなどのネガティブバイアスが健常者と比較して強いことが報告されている[2]．また，強度を段階的に変化させた表情刺激を用いた研究では，うつ病患者は悲しい表情に対する感度が高く，曖昧な表情を悲しみとラベルする傾向が強い一方，幸せな表情に対する感度が低く，幸せな表情を正しく認識するには表情の強度を上げる必要があることが報告されている[3]．さらに，このような幸せな表情に対する感度の低下は快情動の低下と関連していることも示唆されている[4]．

b. 記憶と注意機能

うつ病では，ネガティブなことがらをよく記憶し，経験や刺激をよりネガティブに評価する傾向があることが知られており，このような認知バイアスは，うつ病の病因や維持に関連していることが想定されている[5]．情動的な単語のリストを用いた多くの研究が，うつ病ではネガティブなものをよく覚えることを報告している[6]．他の研究では，うつ病ではネガティブバイアスというよりは，通常みられるポジティブバイアスがみられないことを報告しており，うつ病患者では，ポジティブなきっかけに反応して個人的記憶を思い出す速度が遅く，逆に，ネガティブなきっかけでの記憶想起は健常者と差がないことや，ポジティブなできごとに特化した自伝的記憶の想起の障害も報告されている[7]．

注意に関してもネガティブな情報にバイアスがかかることが示されてきた．たとえば，うつ病患者では，否定的な単語を用いたストループ課題（書かれている文字の色を答える課題）において，干渉効果の上昇（反応速度の低下）がみられることが報告されている[8]．また，情動的な刺激を用いたGo/No-Go課題（2種類の刺激がランダムに提示され，その一方にボタン押しなどで反応し（Go），も

う一方には反応しない（No-Go）ことを求める課題）では，うつ病患者ではポジティブな刺激がターゲットであるときの反応速度が低下しており，ネガティブな刺激がターゲットのときの反応速度には差がないことが報告されており，ポジティブな情報に向かう傾向が低下していることが示唆されている[9]．

以上の行動実験における結果から，うつ病の病態には表情認知や記憶，注意機能など様々な認知-情報処理過程における変化が関与していることが示唆されている．

6.3　うつ病の脳形態画像所見

うつ病において，特定の脳領域の形態変化を検討する手法としては，MRI 画像を用いて特定の脳領域をマニュアルでトレースし，囲まれた関心領域のボクセル数をカウントする方法が従来行われてきたが，近年では，MRI 画像の信号値に体積情報をもたせた画像を作成し，その信号値をすべてのボクセルごとに比較する voxel-based morphometry（VBM）という手法を用いた研究も多く行われるようになっている．

まず，うつ病の脳形態変化として重要なのが，脳梁の膝部の腹側に位置する前帯状回の特異的な領域（膝下部前帯状回）の体積が減少しているというものである．この所見は，家族歴をもつ気分障害を対象とした Drevets らの研究[10]により注目されたが，その後も気分障害に特異性をもって再現されており，Hajek らによりなされたメタアナリシスでも，うつ病患者では両側の膝下部前帯状回体積が小さいことが示されている[11]．

海馬もうつ病でみられる形態変化に関する知見が集積している領域である．死後脳研究の結果とも一致して，うつ病において海馬体積を測定した研究は，多くが体積減少を報告しており，二つのメタアナリシスでも，うつ病では両側の海馬体積が減少していることが示されている[12,13]．海馬体積減少のメカニズムは十分解明されていないが，うつ病患者で認められるコルチゾールレベルの上昇が海馬において有害作用をもたらすことが示唆されており，海馬体積はうつ病の未治療期間と負の相関を示すことが報告されている．さらに，最近の研究は，うつ病患者を 3 年間観察した結果，海馬体積が減少したこと，および治療により寛解した群はこの減少が少なかったことを報告している．

扁桃体に知覚対象の生物学的重みづけに関与し，情動生起に関する神経基盤と

考えられており，うつ病相においては，ネガティブな情動が生じるよう扁桃体がバイアスをかけている可能性が示唆されている．うつ病を対象に扁桃体の体積を健常者と比較した研究では，小さいとするものが多いが，反対の結果や，差がないとする研究も多くあり，一致した見解は得られていない[14]．その理由としては，罹病期間，治療歴のような対象の臨床的な多様性に加えて，扁桃体が複数の核の集合体であることや，体積測定に際して周辺領域との境界が一部不明瞭であるといった測定上の問題も考えられる．

6.4 うつ病の脳機能画像所見

機能画像研究においては，PETやSPECTを用いておもに安静時の脳血流や糖代謝を測定する研究で，うつ病では情動の認知的制御と関連する前頭前野の活動が低下していることが示されている．

また，形態画像研究において体積減少が確認されている膝下部前帯状回は，安静時の脳機能画像研究においてもその異常が再現性をもって確認されている．当初の研究はこの領域の糖代謝の低下を示したが，これはこの領域の体積減少の影響を受けた結果であったと解釈され，その後の研究では膝下部前帯状回の過活動が報告されている[15]．膝下部前帯状回の機能については十分解明されているわけではないが，健常者で実験的に悲しみを誘導するとこの領域の活動が上昇すること[16]，治療によりうつ病から回復するとこの領域の過活動が正常化することが示されていること[17,18]から，悲しみなど抑うつ症状との関連が示唆されている．

また近年では，認知や情動に関する課題を遂行中の脳の反応性を測定する賦活研究も，おもにfMRIを用いて多く行われるようになっている．先述したうつ病の認知心理学的所見から，ネガティブな情動と関連した扁桃体の過活性や，ポジティブな情動と関連した線条体等の低活性，情動の認知的制御に関与する前頭前野の低活性などが予測され，情動の処理に関連した脳機能異常をターゲットにしたfMRI研究では，相反する結果もあるものの，おおむねその予測を支持する結果が報告されている[19,20]．また，筆者らは情動記憶，情動事象の予測，報酬予測，および自己関連づけなどうつ病との関連が示唆される認知機能により焦点をあてて検討を行ってきたので，以下にその内容を紹介する．

a. 情動記憶

前述のように，うつ病では否定的なことがらをよく記憶し，経験や刺激をより否定的に評価する傾向があることが知られているが，このような情動記憶に関するネガティブバイアスの脳内基盤は十分明らかになっていない．そこで，筆者らは，うつ病患者と健常者を対象に，二つの単語の組み合わせを覚える連合記憶課題とfMRIを用いた実験を行った[21]．この課題では，参加者にMRIのなかで36個の単語のペアの組み合わせを記憶してもらい，後に再認してもらった．単語にはポジティブ，ネガティブ，またはニュートラルな情動価をもつ漢熟語を用い，コントロール条件では，休憩という単語を見てもらった．コントロール条件に対

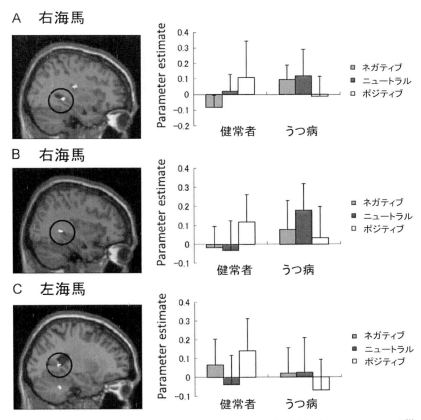

図 6.1 情動価をもつ単語の組み合わせを記銘する際の海馬活動（Toki et al., 2013）[21]
　　　　［カラー口絵参照］

する記銘時の脳賦活を健常者と比較したところ，うつ病患者では，ネガティブあるいはニュートラルな単語の組み合わせを記銘する際の右海馬活動が亢進し，ポジティブな単語の組み合わせを記銘する際の左海馬活動が低下していた（図6.1）．さらに，ポジティブな単語の組み合わせを記銘する際の左海馬活動が低いほど抗うつ薬治療への反応性が低かった．これらの結果は海馬の体積を共変量として投入しその個人差の影響をとり除いても不変であった．このことより，情動価によって異なる海馬活動の機能的変化が，うつ病の記憶のバイアスと関連するとともに，治療反応性予測の指標になりうることが示唆された．

b. 情動事象の予測

われわれは，単に環境の変化に対して受動的に対処するだけでなく，将来に起こりうる事象を予測することで適応的な行動を行っている．たとえば，ネガティブな結果をあらかじめ予測しておくことで実際にその結果と直面したときの心理的負担を減らすことは適応的な行動として広く見受けられるが，このような予測機能に変調をきたし将来のネガティブな出来事を過大に評価してしまうことが抑うつの原因となることが考えられる．

そこで，筆者らは将来に起こりうる事象の情動的評価の脳内基盤を検討するため賦活課題を作成し実験を行った．この課題では，参加者に1組の警告刺激と情動刺激を4秒の刺激間隔で提示し，警告刺激の種類により情動刺激を予期させ，情動刺激に対してボタン押し反応を求めた．予測あり条件では，警告刺激として幾何学図形を提示し，情動刺激として異なる感情価をもつ画像を提示した．具体的には警告刺激が○のときはポジティブな画像，□のときはネガティブな画像が必ず提示された．また，予測なし条件では警告刺激として常に＋が提示され，その後ポジティブな画像が出るかネガティブな画像が出るかはランダムであった．

この課題を用いて，まずは健常者を対象に，ポジティブ事象の予測，ネガティブ事象の予測を行っているときの脳活動を予測なし条件と比較したところ，ポジティブ事象の予測では，左背外側前頭前野を含むネットワークが，ネガティブ事象の予測では右腹外側前頭前野を含むネットワークが賦活されており，前頭前野が将来の情動事象の予期に関与していること，さらに左側がポジティブ事象の予測に，右側がネガティブ事象の予測に関与していることが示唆された[22]．

次に，この情動予期課題を遂行中の脳活動に関して，うつ病と健常対照の比較

を行ったところ，うつ病で右下前頭回において健常対照と比較してネガティブ事象の予測を行う際の賦活が有意に大きく，この領域の賦活の程度とハミルトンうつ病評価尺度（Hamilton's Rating Scale for Depression：HAM-D）によるうつ病の重症度は正の相関を示した．

これらの結果から，うつ病では，将来の情動事象の予測と関連した脳機能の異常により，将来のネガティブ事象が過大に評価されている可能性が考えられた．

c. 報酬予測

悲観的な将来予測は，前述のようにうつ病の認知的特徴の一つであるが，その背景として，筆者らは，うつ病では強化学習の理論のなかで非常に重要な要素である報酬予測のメカニズムに障害をきたしていることを推測している．すなわち，うつ病の患者ではこの強化学習において将来の報酬を予測していく機能が障害されているため，「将来の報酬への見通し」が立たず，じっとしていること（行動抑制）や短絡的な行動（自殺，衝動行為）を最適行動として選択する．さらに，この最適行動を選択する際の，報酬予測の時間スケールをセロトニンが制御するという「神経修飾物質のメタ学習仮説」[23] に基づく共同研究を行ってきた．まず，この仮説を検証するための端緒として，健常ボランティアを対象に，長期的な報酬の予測と短期的な報酬の予測がそれぞれ必要な行動学習課題を行っているときの脳活動をfMRIで測定した[24]．その結果，短期の報酬予測をしているときと，長期の報酬予測を行っているときでは，脳内の異なる領域が賦活され，線条体においては，腹側は短期報酬予測時に，背側は長期の報酬予測時に有意な賦活を認めた．また，この課題から得られた行動データをもとに，discount factor：γ（γが大きいと時間による報酬の割引が小さく，小さいと時間による報酬の割引が大きいことを意味する）を任意に変動させたときの各試行における内的な報酬価と報酬予側誤差を推定し，それらを説明変数にfMRIの信号値を従属変数とした重回帰分析を行った．その結果，報酬予測誤差は線条体において，γが大きいときには背側後領域の賦活と，γが小さいときには腹側前領域の賦活とそれぞれ相関していた．これらの結果より，これまで情動的な機能を司るとされていた腹側線条体を含むネットワークが短期的な報酬予測にかかわり，より高次な認知的機能を司るとされてきた背側線条体を含むネットワークが長期的な報酬予測にかかわるという，時間スケールでの機能分化が示唆された．

次に，セロトニンが報酬予測の時間スケールを制御するという前述の仮説を直接的に検証するために，その前駆物質であるトリプトファン（Trp）の経口摂取量を調節し中枢セロトニンレベル（血漿 Trp 濃度と相関することが知られている）を人為的に操作した状態で，健常ボランティアを対象に，短期的に得られる小さな報酬と長期的に得られる大きな報酬のいずれかを選択する課題を遂行中の脳活動を fMRI を用いて測定し，得られた行動データからγを変動させたときの内的な報酬価を算出し，その値と脳活動データの回帰分析を行った[25]．

　その結果，統制条件では，線条体腹側から背側にかけて，小さなγから大きなγへのグラデーションが示されたのに対し，Trp 欠乏条件では，低いγでのみ腹側線条体と，Trp 過剰条件では高いγでのみ背側線条体との相関がみられた．これらの結果から，セロトニンが線状体の活動を調節することで，異なる時間スケールでの報酬予測を行う並列ネットワークの活動を調節し，報酬予測の時間スケールを制御している可能性が示唆された．

　次に筆者らは，うつ病における長期の報酬予測に関する脳機能を評価するため，うつ病患者および健常者を対象に，長期的な報酬予測に基づく意思決定が必要な課題を遂行中の脳活動を fMRI で測定した．

　その結果，健常者では，両側前頭前野および頭頂葉，右視床，右尾状核，左小脳において有意な賦活を認めたが，うつ病では右の腹外側前頭前野のみで有意な賦活を認めた．両群の脳活動を直接比較すると，うつ病では右外側前頭前野，右背側尾状核，左小脳で健常者と比較して賦活機能が有意に低下していることが明らかとなり，これらの領域の機能障害を介して長期の報酬予測が困難になることが，うつ病の病態に関与している可能性が考えられた．

　これらの結果より，短期と長期の報酬予測には脳内の異なるネットワークが関与しており，セロトニンがそのネットワークの活動を調節することで，報酬予測の時間スケールを制御していること，およびうつ病では長期の報酬予測に関与するネットワークの賦活機能が低下していることが示唆された．

d.　自己関連づけ

　前述のように Beck は，抑うつの本質は認知の歪みであることを提唱しているが，とりわけ自己に対する否定的な認知は，うつ病の認知の歪みの中核と考えられている．筆者らは，まず自己に対する否定的な認知処理の脳内基盤を明らかに

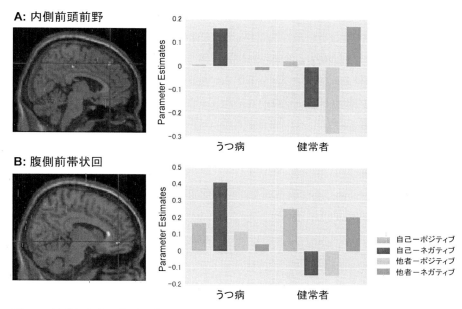

図 6.2 情動価をもつ単語を自己あるいは他者と関連づける際の脳活動（Yoshimura et al., 2010)[27)]［カラー口絵参照］

するために，健常者を対象として情動刺激の自己関連づけ処理に関する脳活動をfMRIで測定した[26)]．具体的には，"明るい"といったポジティブな形容詞と"無知な"といったネガティブな形容詞をMRI装置内のディスプレイに提示し，その形容詞が自分の性格や能力，ふるまいにあてはまるかどうかを判断してもらい，形容詞が他者にあてはまるかどうかを判断する他者関連づけ条件，および言語処理の統制条件と比較した．その結果，ポジティブな形容詞とネガティブな形容詞ともに自己関連づけ条件では内側前頭前野の賦活を認めた．加えて，ネガティブな形容詞の自己関連づけ条件では腹側前帯状回の賦活もみられた．

次に，同様の課題を用いて，うつ病患者の脳活動をfMRIで測定した[27)]．その結果，うつ病では健常対照と比較して，ネガティブな形容詞が自分にあてはまるかどうかを判断している際に内側前頭前野，腹側前帯状回の脳領域の賦活が有意に亢進していた（図6.2）．さらに，この際の内側前頭前野，腹側前帯状回の賦活の程度はうつ病の重症度と有意な正の相関を示した．また，うつ病と健常対照における内側前頭前野，腹側前帯状回，扁桃体の機能的結合を比較したところ，

うつ病患者では腹側前帯状回と内側前頭前野および扁桃体との機能的結合が上昇していた．これらの結果を，内側前頭前野は自己関連づけにかかわる脳領域であり，腹側前帯状回は扁桃体と強固な神経連絡をもつことと考え合わせると，うつ病では内側前頭前野においてネガティブな情報が過剰に自己に関連づけられ，それが腹側前帯状回を介して扁桃体におけるネガティブな情動処理を引き起こしている可能性が示唆された．

e. うつ病の脳機能画像所見のまとめ

うつ病の脳機能画像所見としては，安静時における膝下部前帯状回の過活動が示されているが，筆者らの検討から，この領域を含む腹側前帯状回はネガティブな自己関連づけの際にうつ病で強く賦活され，ネガティブな情報が過剰に自己に関連づけられることに関与している可能性が示唆された．また，海馬の賦活は左右差に関して今後検証が必要なものの，ネガティブな情報を記憶する際に亢進している一方，ポジティブな情報を記憶する際には低下していることが明らかになった．最近のメタアナリシスでも，扁桃体，線条体，海馬傍回など情動処理と関連した領域において，うつ病患者ではネガティブな刺激に対する賦活が増加し，ポジティブな刺激に対する賦活が低下していることが示されており，うつ病では

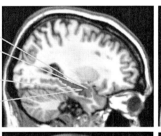
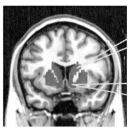
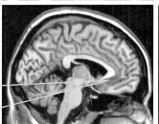
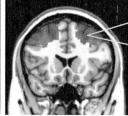

図 6.3 うつ病におけるおもな脳機能画像所見［カラー口絵参照］

処理される情報の情動価により賦活機能の変化が異なることが示唆されている．また，線条体においては報酬予測の時間スケールによる機能分化も明らかになってきており，予備的なものではあるがうつ病で長期の報酬予測に関与する背側部の機能低下を示す結果も得られている．うつ病におけるおもな脳機能画像所見を図6.3に示す．

おわりに

うつ病では，行動実験を用いた先行研究により，表情認知や記憶，注意機能が（健常者でみられるポジティブバイアスが消失する形で認められる場合も含めて），健常者と比較してネガティブな方向に偏っていることが示されるとともに，脳画像研究では情動や認知にかかわる多くの領域で機能的あるいは形態的異常が報告されている．また，うつ病の認知的特徴に着目した賦活課題を用いた筆者らの研究により，うつ病ではネガティブな記憶と関連した右海馬の賦活が亢進している一方でポジティブな記憶と関連した左海馬の賦活は低下していること，不快事象の予測にかかわる右前頭前野の賦活機能が亢進していること，長期の報酬予測にかかわる背側線条体の賦活機能が低下していること，ネガティブな自己関連づけ処理を行う際の内側前頭前野および腹側前帯状回の賦活機能が亢進していること，などまだ予備的な結果ではあるがその脳内機構も徐々に明らかになってきた．

うつ病は，単一の脳領域や認知機能の異常に起因するものではなく，様々な神経回路網を介した認知-情動系の調節異常と考えられ，その病態の全容を解明することは容易ではないが，今後も脳機能画像を含めた脳科学技術の進歩とともに，うつ病の認知-情動機能障害の脳内機構に関する研究成果が蓄積，統合され，うつ病の病態解明がさらに進むことを期待したい．　　　　　　　　　　　　　　［岡田　剛・岡本泰昌］

文　　献

1) American Psychiatric Association：Task Force on DSM-IV. Diagnostic and Statistical Manual of Mental Disorders：DSM-IV-TR, Fourth Edition, American Psychiatric Association, Washington, DC, 2000.
2) Surguladze SA, Young AW, Senior C, Brebion G, Travis MJ, Phillips ML：Recognition accuracy and response bias to happy and sad facial expressions in patients with major depression. *Neuropsychology* 18：212-218, 2004.

3) Gilboa-Schechtman E, Erhard-Weiss D, Jeczemien P : Interpersonal deficits meet cognitive biases ; memory for facial expressions in depressed and anxious men and women. *Psychiatry Res* **113** : 279-293, 2002.
4) Coupland NJ, Sustrik RA, Ting P et al : Positive and negative affect differentially influence identification of facial emotions. *Depress Anxiety* **19** : 31-34, 2004.
5) Beck AT : Cognitive Therapy of Depression, Guilford Press, New York, 1979.
6) Bradley BP, Mogg K, Williams R : Implicit and explicit memory for emotion-congruent information in clinical depression and anxiety. *Behav Res Ther* **33** : 755-770, 1995.
7) Lemogne C, Piolino P, Friszer S et al : Episodic autobiographical memory in depression : Specificity, autonoetic consciousness, and self-perspective. *Consciou Cogn* **15** : 258-268, 2006.
8) Williams JM, Mathews A, MacLeod C : The emotional Stroop task and psychopathology. *Psychol Bull* **120** : 3-24, 1996.
9) Erickson K, Drevets WC, Clark L et al : Mood-congruent bias in affective go/no-go performance of unmedicated patients with major depressive disorder. *Am J Psychiatry* **162** : 2171-2173, 2005.
10) Drevets WC, Price JL, Simpson JR Jr et al : Subgenual prefrontal cortex abnormalities in mood disorders. *Nature* **386** : 824-827, 1997.
11) Hajek T, Kozeny J, Kopecek M, Alda M, Hoschl C : Reduced subgenual cingulate volumes in mood disorders ; a meta-analysis. *J Psychiatry Neurosci* **33** : 91-99, 2008.
12) Campbell S, Marriott M, Nahmias C, MacQueen GM : Lower hippocampal volume in patients suffering from depression ; a meta-analysis. *Am J Psychiatry* **161** : 598-607, 2004.
13) Videbech P, Ravnkilde B : Hippocampal volume and depression : a meta-analysis of MRI studies. *Am J Psychiatry* **161** : 1957-1966, 2004.
14) Konarski JZ, McIntyre RS, Kennedy SH, Rafi-Tari S, Soczynska JK, Ketter TA : Volumetric neuroimaging investigations in mood disorders ; bipolar disorder versus major depressive disorder. *Bipolar Disord* **10** : 1-37, 2008.
15) Mayberg HS : Modulating dysfunctional limbic cortical circuits in depression ; towards development of brain based algorithms for diagnosis and optimised treatment. *Br Med Bull* **65** : 193-207, 2003.
16) Mayberg HS, Liotti M, Brannan SK et al : Reciprocal limbic cortical function and negative mood : converging PET findings in depression and normal sadness. *Am J Psychiatry* **156** : 675-682, 1999.
17) Kennedy SH, Evans KR, Kruger S et al : Changes in regional brain glucose metabolism measured with positron emission tomography after paroxetine treatment of major depression. *Am J Psychiatry* **158** : 899-905, 2001.
18) Mayberg HS, Lozano AM, Voon V et al : Deep brain stimulation for treatment-resistant depression. *Neuron* **45** : 651-660, 2005.
19) Diekhof EK, Falkai P, Gruber O : Functional neuroimaging of reward processing and decision-making ; a review of aberrant motivational and affective processing in addiction and mood disorders. *Brain Res Rev* **59** : 164-184, 2008.
20) Murray EA, Wise SP, Drevets WC : Localization of dysfunction in major depressive

20) disorder : prefrontal cortex and amygdala. *Biol Psychiatry* **69** : e43-54, 2011.
21) Toki S, Okamoto Y, Onoda K et al : Hippocampal activation during associative encoding of word pairs and its relation to symptomatic improvement in depression : A functional and volumetric MRI study. *J Affect Disord* **152-154** : 462-467, 2014.
22) Ueda K, Okamoto Y, Okada G, Yamashita H, Hori T, Yamawaki S : Brain activity during expectancy of emotional stimuli : an fMRI study. *Neuroreport* **14** : 51-55, 2003.
23) Doya K : Metalearning and neuromodulation. *Neural Netw* **15** : 495-506, 2002.
24) Tanaka SC, Doya K, Okada G, Ueda K, Okamoto Y, Yamawaki S : Prediction of immediate and future rewards differentially recruits cortico-basal ganglia loops. *Nat Neurosci* **7** : 887-893, 2004.
25) Tanaka SC, Schweighofer N, Asahi S et al : Serotonin differentially regulates short- and long-term prediction of rewards in the ventral and dorsal striatum. *PLoS One* **2** : e1333, 2007.
26) Yoshimura S, Ueda K, Suzuki S, Onoda K, Okamoto Y, Yamawaki S : Self-referential processing of negative stimuli within the ventral anterior cingulate gyrus and right amygdala. *Brain Cogn* **69** : 218-225, 2009.
27) Yoshimura S, Okamoto Y, Onoda K et al : Rostral anterior cingulate cortex activity mediates the relationship between the depressive symptoms and the medial prefrontal cortex activity. *J Affect Disord* **122** : 76-85, 2010.

7 統合失調症

（本書の表題『情動の仕組みとその異常』は，生理学や心理学において伝統的に用いられる表現である．しかし「異常」という用語を，統合失調症をはじめとする精神疾患について用いることは，現在の意識からすると適切ではない場合がある．一方で，それにかわる適切で簡潔な表現がまだ普及していないことも事実である．そうした問題意識に基づき，本章においては異常や障害という表現を可能な範囲で避けるよう努めた．「変化・困難・減弱・問題」などの用語は，そうした理由から用いたものである．）

本章は統合失調症の情動について，①臨床的に認められる症状，②その心理学的な検討，③情動症状の意義とメカニズム，④社会環境との関連，⑤脳の情報処理との関連，⑥当事者・家族の取組み，の6テーマをまとめたものである．個別のテーマを詳述することよりも，統合失調症の情動を総合的に捉え，統合失調症の病態全体のなかに位置づけることを優先させた．「情動」を通常より広い定義で用いてあるのはそのためである．

7.1 臨床的に認められる統合失調症の情動症状

a. 診断基準における情動症状

統合失調症の情動症状として，WHOによる診断基準であるICD-10は，「情動的反応の鈍麻あるいは状況へのそぐわなさ，関心喪失，目的欠如，無為，自己没頭，社会的ひきこもり」をあげている．また，米国精神医学会による診断基準であるDSM-IV-TRは「感情の平板化，意欲の欠如」をあげている．

その具体的な内容を，DSM-IV-TRは次のように解説している[1]．「視線を合わすことが乏しく，身振りが減少して，動きのない反応に乏しい顔面が特徴的である．感情の平板化を示す者も時には微笑んだり，感情の高まることがあるが，

表現される感情の豊かさは，ほとんどいつも，明らかに減少している.」「意欲欠如は目標志向性の行動を始めたり，持続することができないことで特徴づけられる．その者は長時間ずっと動かなかったり，仕事や社会活動に参加することにはほとんど興味を示さなかったりする.」

さらに，診断基準における臨床症状と関連する記述的特徴として，不適切な感情と快楽消失をあげ，「不適切な感情を表出することがあり（例：適切な刺激がないのに，微笑んだり，笑ったり，ばかげた表情をする）」「快楽の消失は広くみられ，それは興味や喜びの欠如として現れる．不快気分は抑うつ，不安，または怒りの形をとることもある.」としている．

b. 臨床場面で認める情動症状

こうした診断基準における情動症状の捉え方は，おもに米国や英国の精神医学に基づいたもので，臨床診断における有用性を重視したものである．伝統的に精神症状の詳細な記載を重視していたドイツ精神医学においては，情動症状を捉える際の重点のおき方が少し異なる．そうしたドイツ精神医学を受け継いだ日本の伝統的な精神医学においては，情動症状は次のように記載されている[2]．

「統合失調症の感情障害の特徴は，鈍麻と敏感が同時に存在することであり，また感情の反応性低下だけでなく，外界との接触を積極的に拒絶して自分の世界に閉じこもろうとする態度が見られることである.」「感情鈍麻は，外界からの刺激に対して自然な感情反応が起こらない状態である．患者は喜怒哀楽の感情に乏しくなり，外界の出来事だけでなく自分の肉体の状態にも無関心，冷淡になってくる．しかし初期のうちは，感情鈍麻のうちに敏感で傷つきやすい面があり，重大な出来事にほとんど反応を示さないのに，自己評価が傷つけられるようなことでは些細なことに不相応な強い感情反応を示したりして不調和な印象を与えることが少なくない.」

「両価性とは，愛と憎しみ，好きと嫌いなどの相反する感情が同一の対象に対して存在するものである.」「表情は動きに乏しく，硬く冷たい印象を与える．慢性期になると，ときに眉をひそめたり（ひそめ眉），口をとがらせたり（とがり口）するなど奇妙な表情がみられる．態度もよそよそしく，警戒的である.」「統合失調症患者と面接するとき，面接者は患者に対して，互いに感情が通じ合わず，意志が疎通しないという疎通性障害（非疎通性），接触の障害，ラポールの障害」

を感じる．

c. 情動症状の位置づけ

　こうした記載にも表れているように，統合失調症の臨床症状としての情動症状は感情・表情・意欲・快楽・動機づけ・疎通性などの，互いに関連しまた概念としても近接する領域についての症状のなかに位置づけられる．そのため，定義としてどこまでの症状を情動症状かを定めることは難しい．むしろ，情動症状が快楽消失を招き，快楽消失が意欲（動機づけ）の乏しさの原因となり，意欲の乏しさが無為（発動性の低下）をもたらすという，一連の症状と考えられることが多い．

　これら一連の症状は，陰性症状の一部である．陰性症状は，意欲低下（avolition）や快楽消失（anhedonia）や社会性障害（asociality）などからなる動機づけディメンション（motivational dimension）と，制限された感情（restricted affect）や会話の貧困（alogia）などの表出減弱ディメンション（diminished expressivity dimension）の２次元からなるとされるようになってきており[3]，情動症状は陰性症状のこのいずれの次元にも位置づけられる．

d. 行動への影響における情動の特徴

　これまで述べてきたのは，おもに横断的に認められる精神症状としての情動症状である．これとは少し異なる視点が，上記した「敏感で傷つきやすい面があり，……自己評価が傷つけられるようなことでは些細なことに不相応な強い感情反応」を示すという，行動への影響という視点からの情動の特徴である．

　たとえば，批判・敵意・過度の感情的巻込まれなどの感情表出（expressed emotion：EE）を家族が強く示す場合に，統合失調症の再発が多いとする指摘がある．これは，感情表出に対する過敏性という情動の特徴が，再発という疾病経過に結びやすいことを示したものである．ただこれは，再発の原因が家族の感情表出にあることを意味するわけではない．そうではなく，統合失調症のために感情表出への過敏があり，また統合失調症に伴う困難や苦痛がそうした周囲の人々に強い感情表出をもたらしやすく，その二つの要因が組み合わされることが再発と結びつきやすいことを示している．このように，行動や疾病経過に影響を与える要因としての情動の特徴がある．

　また，「生活の中で，生活場面で現れた生活行動に，生活特性を踏まえて働き

かける」[4] ことを趣旨とした生活臨床は，統合失調症の患者ごとに指向する課題があり，その課題は異性／金銭や損得／学歴・地位・資格／健康の4範疇に分けられ，その達成に失敗すると選択の放棄や行動統御の喪失により混乱を引き起こしやすい，という行動パターンをあげている[5]．この指摘は，情動が行動や疾病経過に影響を与えることにとどまらず，そうした情動の特徴が本人の価値意識と結びついていることを示している．

7.2 統合失調症の情動症状の心理学的研究

a. 表情認知の困難

統合失調症の情動症状の背景について，最も行われている心理学的検討は表情認知，つまり情動刺激の入力処理を対象としたものである．他人の顔を見てそこに表れている感情や情動を同定（推定）する表情認知研究についてのメタ解析からは，すべての研究をまとめると統合失調症における成績低下は effect size 0.91 であり，外来患者 0.70 よりも入院患者 1.20 で強く，罹病期間と関連しないが発症年齢が低いほど高度で，精神症状が強いほど顕著で，抗精神病薬を未服薬 1.41 でも服薬 1.00 でも認められるとされている[6]．

こうした表情認知における成績低下が，顔の認知そのものと表情に基づく情動の同定のいずれによるのかをメタ解析で検討すると，顔の認知についての統合失調症の成績低下は effect size 0.70，表情に基づく情動の同定は 0.85 で，顔の認知そのものに障害があるうえに，その表情に基づく情動の同定により強い障害がある[7]．

b. 情動表出の減弱

統合失調症の臨床症状としての感情平板化については，情動体験そのものの減弱とその情動を表情として表出することの減弱という二つの側面が考えられる．感情科学の視点から統合失調症の情動を検討すると，障害を強く認めるのは情動体験よりも表情表出であるとされる[8]．情動を引き起こす刺激に対する表情表出が乏しいことは臨床的に認められるが，それに対応して正負いずれの情動を引き起こす刺激に対しても筋電図で記録した表情筋の反応が減弱して外部から観察されにくくなっている．表情筋の反応の減弱の程度は，臨床的に評価した感情平板化と相関する．

c. 情動体験についてのパラドックス

慣用される感情鈍麻という用語は，統合失調症において情動や感情の反応体験が減弱していることを示唆する．臨床経験からはそう感じられることも多いが，この問題についての研究結果が必ずしも一致しないことが，従来から指摘されてきた．この不一致について，現在（current）と非現在（noncurrent）の情動や感情を区別し，現在の情動体験は保たれているが，非現在についての情動体験が減弱しているとする理解が提唱されている[3]．統合失調症の病態を総合的に理解するうえで，重要な指摘である．

現在（current）の刺激については，正負いずれの情動価の刺激に対しても快評価（hedonic rating）は健康者と同等であるが，嫌悪評価（aversion rating）は健康者よりも強い[9]．情動体験が統合失調症において保たれているというこうした点は，「統合失調症において保たれている認知機能」という文脈でも指摘されている[10]．

非現在（noncurrent）とは，「こういう状況であったら」と仮定して質問する場合や，特定の場面を設定せずに一般的な性格傾向として尋ねる場合や，将来のできごとを予想や期待する際の情動体験を指している．いずれの場合でも，統合失調症においては自覚的な情動体験が減弱しているとされている[11,12]．

このようにして統合失調症においては，現在についての情動体験は保たれているものの，非現在についての情動体験が減弱しており，この事態はemotional paradoxと呼ばれることがある．一般に健康者は，現在よりも非現在について正の情動をより強く抱きやすいという過大評価の傾向がある．統合失調症では，現在の刺激について嫌悪評価が強いことに加えて，将来のできごとを予想や期待する場合の情動体験が減弱しているという意味で，非現在の過小評価があることになる．

この過小評価の傾向は，行動への動機づけを弱めると考えられ，それは活動性の低下や社会的行動を妨げるという形で陰性症状に結びつくことが想定できる．このため，陰性症状の評価項目として，現在についての快楽消失だけでなく，将来について快楽消失を加える提案がある．

7.3 情動症状の意義とメカニズム

a. 情動症状の臨床的意義

統合失調症の病態全体のなかで情動症状がどのような臨床的意義をもつかは，認知機能や機能レベルとの関連を検討した結果から明らかになっている（図7.1）[13]．統合失調症の機能レベル（自立・家庭・就労・社会）が，陰性症状・早期視覚知覚（逆行マスキング）・社会的認知（社会知覚・心の理論・情動処理）・非機能的態度（自己効力感）とどのように関連するかを検討すると，「早期視覚知覚→社会的認知→自己効力感→体験としての陰性症状→機能レベル」というモデルが最適であった．

この結果を，「基礎的な脳機能が保たれており，社会的な認知能力が獲得されていることを前提としたうえで，自分の能力に自信があり，それをもとに意欲をもてる場合に，機能レベルは高くなる」と言いかえると，臨床的な実感に合致する．情動症状は，評価が難しくまた理論的に位置づけを明らかにしにくいため，統合失調症の病態モデルに取り入れられずに，かわりに認知機能が前景となっていることが多い．しかし臨床的に自己効力感や自尊心や意欲が機能レベルにおいて重要であることは共通認識であるので，この結果はそれをデータとして示した点で，今後の方向性を示すものといえる．

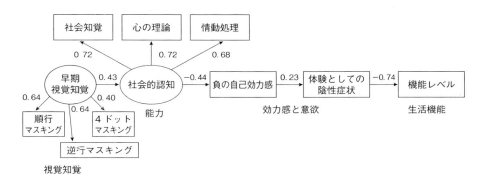

図7.1 統合失調症の機能レベルに影響を与える要因（Green, 2012）[13]
早期視覚知覚（early visual perception）→社会的認知（social cognition）→負の自己効力感（defeatist beliefs）→体験としての陰性症状（experiential negative symptoms）→機能レベル（functional outcome）というモデルが最適であった．

b. 情動症状の脳研究

　こうした臨床的に認められる情動症状について，背景となる脳機構の研究が行われている．多くの研究が fMRI や PET を用いたもので，検査中は仰臥位で無動の状態を保たなければならないため，表情認知の研究が大部分である．

　それらの研究のメタ解析結果は，両半球の扁桃体・海馬傍回・紡錘状回および右半球の上側頭回・レンズ核の賦活が小さく，左半球の島の賦活が大きい[14]，扁桃体・前部帯状皮質・前頭葉背外側皮質・前頭葉内側皮質の賦活が小さく，扁桃体についての所見は情動刺激を implicit に提示した場合に認められる[15]，両半球の扁桃体の賦活は有意に小さいが，effect size 0.20 とその程度は小さく，しかも刺激の情動価が陰性の条件については差を認めない[16]，とまとめられている．

　メタ解析の結果の一部に不一致を認めるのは，研究条件によるという[17]．fMRI 研究では脳賦活を基準からの変化として捉えるため，その基準を情動価が中性の表情刺激とした場合と顔以外の対照刺激とした場合とで，その示すところが異なる．扁桃体の賦活を顔以外の対照刺激との差で検討すると，負の情動価の刺激については統合失調症と健康者で差はないが，中性の情動価の刺激については統合失調症の賦活が大きい．つまり，中性の刺激についての過剰賦活である．そのため，負と中性の情動価の表情による賦活の差を検討すると，統合失調症の賦活は小さくなる．これに対して，前部帯状皮質・前頭葉背外側皮質については，基準をいずれの条件とした場合でも統合失調症の賦活は小さい．これらの結果は，情動反応そのもの（扁桃体）とその反応についての認知的調整（前頭葉）に対応する脳画像所見と考えられる．

c. 情動症状と認知機能

　こうした前頭葉による認知的調整に対応して，情動症状の心理的なメカニズムについての提言がある（図 7.2）[3]．統合失調症で認められる noncurrent な情動体験の減弱が，快楽消失に結びつき，動機づけが乏しくなり，発動性が低下して無為な傾向になるという一連の経過に，なぜ修正が図られていかないかという問題である．その要点は次のような内容である．

　「その背景には，快楽を低く予想する信念（beliefs of low pleasure）がある．その信念は，人生早期にいじめや虐待のような社会的拒絶という陰性の社会経験をし，そのために快楽についての健全な信念が形成されず，その後の人生でも十

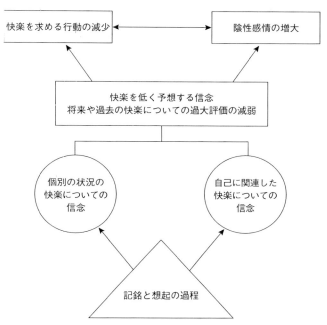

図 7.2 統合失調症の快楽消失のモデル（Strauss, 2012）[3]
快楽を低く予想する信念と将来や過去の快楽についての過大評価の減弱，快楽を求める行動の減少，陰性感情の増大の三者に相互関係がある．

分な快楽の体験をできなかったことで，修正されず強化が続いてしまう．さらにそうした信念が，外部の状況についてだけでなく，自己評価についても形成され，そのことが陰性の感情をもちやすいことへと結びついていく．」

こうしたモデルは，統合失調症における情動と認知や記憶との関連を明らかにしたものである．臨床的に認められる意欲減退や自己効力感低下，心理学的に認められる noncurrent 情動体験の減弱，情動体験についての脳研究の成果を，総合的に理解する枠組みを提供している．

こうしたことから，快楽消失（anhedonia）という用語は，快楽追求行動の減弱（reduced pleasure-seeking behavior）あるいは快楽を低く予想する信念（beliefs of low pleasure）と呼ぶのが適切ではないかと提案されている．

7.4 情動症状と社会

a. 情動と社会環境

　情動症状をこのように捉えると，社会環境との相互作用のなかに情動症状を位置づけて，統合失調症の病態を考えることができるようになる[18]．

　臨床疫学のデータからは，都市生育者や社会的少数者において統合失調症の頻度が高いとされる．健康な都市生育者や社会的少数者において批判や差別に対して扁桃体の過活動や前部帯状皮質の低活動が認められているので[19]，社会的ストレスを脳機能に与える影響という視点から見ることができる．統合失調症において，こうした社会的ストレスに伴う情動反応とそれを自分自身で制御する脳機能が，その病態と関連すると推測される[20]．

　さらにそれは，外部から与えられる社会的ストレスに留まらず，そうした社会的ストレスを個体内に取り込んだ，たとえば内在化されたスティグマ（internalized stigma, セルフスティグマ）にも広げて考えることが求められる．内在化されたスティグマにより自分自身に対して低い自己評価という社会的ストレスを与え続けることは，そうしたストレスについての自己制御の脳機能が乏しいことと相まって，noncurrent な情動体験を減衰させていくことが予想される．

b. 社会的ストレスとしてのセルフスティグマ

　スティグマの内在化は，stereotype awareness（例：一般の人々は，精神疾患を有する人は○○と考えている），stereotype agreement（例：私は，精神疾患を有する人は○○だと思う），self-concurrence（例：私は精神疾患を有しているので，○○だと思う），self-esteem decrement（例：私は○○なので，私の自尊心や自信は低下している）という段階で進んでいく[21]．後二者はセルフスティグマと呼ぶことができる．

　しかしスティグマの内在化は，社会環境の影響を受けてそのまま進むわけではなく，それに対抗する要因がある．セルフスティグマという陰性の情動体験に対しての，認知的な防御因子である．たとえば，精神疾患の内在化スティグマ尺度（the Internalized Stigma of Mental Illness Scale）[22]におけるスティグマ抵抗力（stigma resistance）は，「精神疾患があっても充実した人生を歩むことができる」「精神疾患患者は社会に重要な貢献ができる」などの質問項目で評価される．こ

のスティグマ抵抗力は，自尊心・エンパワーメント・QOL・友人の多さと正の相関を示す[23]．精神疾患についてステレオタイプな見方をしないこと，メタ認知能力，自尊心と関連する[24]ことが知られており，自己評価や認知能力が重要であることがわかる．

さらに，統合失調症について述べた文章を評価する際の脳賦活をfMRIで検討すると，統合失調症の社会的劣等感は腹内側前頭葉前方の賦活と負の相関があり，しかもこの賦活は扁桃体の賦活と負の相関があった．つまり，セルフスティグマは扁桃体により担われる情動反応を前頭葉が制御する機能と関係するという結果であり，脳機構としての認知的な防御因子を示したものと理解できる[25]．

c. 価値意識と情動体験

このように社会環境における情動体験と認知的な防御因子の関係が明らかになってくると，人生という長期経過における人間の行動の動機づけの根底をなす価値意識が，どのように形成され維持され修正されるかを考えることが必要となる．リカバリーを考える際の基盤となる夢や希望（アスピレーション）は，個々の当事者ごとの価値意識を示したものである．生活臨床における「指向する課題」は，そうした個別の価値意識をより一般化しようとする試みである．

こうした価値意識は，脳の特性や経験に基づいて個人ごとに形成されていくが，一方で生育の過程で最も身近な家族から受ける影響を通じて形成される側面もある．そうした側面を強調しているのが，生活臨床の発展のなかで取りあげられている家族史研究という視点である[26]．発達期に，家族としての歴史という社会的文脈のなかにおかれるだけでなく，そのなかで価値意識についての影響を受けることに注目することで，情動体験をその体験をする状況のなかで理解するだけでなく，より長期的な文脈のなかで捉えることをめざしたものである．社会精神医学と精神病理学との統合という側面がある．

7.5 脳の情報処理と情動[27]

a. 知・情・意と事物／他者／自分

人間の精神機能の全体のなかで，情動はどのように位置づけられるだろうか．

人間の精神機能について，常識的な分類として知・情・意という言い方がある．この知・情・意を精神機能の対象という点から考えると，知は事物を扱うときの

機能，情は対人関係における機能，意は自分自身についての機能とおおまかには考えられる．

　こうした分類が常識的なものであっても妥当なのは，人間の脳において事物／他者／自分についての処理が，それぞれある程度は独立しているからである．それは単に処理の仕方が異なるというだけでなく，脳のシステムとしてもそれぞれ別の脳部位の機能が事物／他者／自分の処理を担っている．たとえば側頭葉皮質が社会的認知と関連していること，前頭葉内側面が自己認知機能を担っているなどの知見は，こうした分類が脳機能の特徴に基づくものであることを示している．

　人間にとって，外界のなかで人間が特別な存在であること，人間のうちでも自分自身が特別な存在であることを考えると，こうした分類は当然な発想である．こうした視点からは，人間においては情動が対人関係との関連が深いことが特徴となっている．

b. 知・情・意の発達

　こうした考え方は，個体発達のうえからも自然のことである．乳児は母親の顔を見つめ，泣いたり微笑むことから，この世界での生活を出発させる．子どもは，身の回りのものを擬人化して捉える．外見が人間に似ていないものまでも，人になぞらえて感情移入する．自分で動く電車はもちろんだが，風に揺れる草花，あるいは子ども自身が動かす椅子までも，擬人化して感情移入する．このことから考えると，事物としての処理よりも他者という人間としての処理のほうが，早期に発達する優勢な脳機能である．成人でも，少し気を許した優しい気分の場面では，物を擬人化して捉える気持ちになりやすい．

　一方，自分自身を知ることは難しい．鏡に映る姿を自分と理解できるようになるのは，1歳すぎである．こうした身体的な自己認知は，他人の気持ちへの共感と同じ時期に可能になる．また子どもは，他人からの評価そのものを気にすることはあっても，他人から自分がどう思われているかを想像することは難しい．大人になっても，自分の長所や能力を公平に評価し，誤りや欠点を冷静に判断するためには，意識的な注意と努力が必要である．

　こうした身近な体験に基づくと，脳における処理は，他者→事物→自分という順に発達していくと考えられる．対人関係は事物の処理よりも複雑なぶん，後から発達する機能であり，自分自身を知ることができるようになって初めて他人

がわかるというように，自分→事物→他者という順を考えたくなるが，子どもの発達や系統発生はその逆の他者→事物→自分という順序を示唆している．

こうして，人間の精神機能は情動が基本となって発達的に形作られていくと考えられる．

c. 統合失調症と知・情・意

統合失調症の臨床症状や病態は，こうした知情意という視点から捉えることができる．統合失調症の幻覚・妄想は，他人が自分に対して悪意を背景とした働きかけをしてくるという内容の特徴がある．これは他者についての処理であり，情の領域のテーマである．自我障害や意欲低下は，自分自身についての処理であり，意の領域についてのテーマである．神経認知の機能障害は事物についての処理であり，知の領域についてのテーマである．

このようにして，統合失調症の症状の全体を，精神機能や脳機能の全体と関連させて考えること，さらにそれを発達の視点から理解したうえで思春期にその構造に再構成が生じることに注目することが[28]，今後は重要になると考えられる．

7.6 統合失調症の新時代と情動

a. 統合失調症の時代を進める取組み

日本の社会における統合失調症のあり方を進める取り組みが，当事者や家族の手で行われている．北海道浦河町のべてるの取組みは，その先駆である[29]．

森実恵さんは，講演活動に積極的に取り組んでいる統合失調症のピアサポーターである．楽しい雰囲気の講演では，自分を茶化すような替歌に踊りを交えて披露し，会場の笑いを誘っている．講演を始めた頃は，額に皺寄せた話だったが，しだいに楽しい雰囲気を心がけるようになったという．著書『なんとかなるよ統合失調症―がんばりすぎない闘病記』のあとがきに，「苦しみを喜びに変えて生きていく」とある．

包丁を持つ母親に追いかけられた経験をもつ漫画家の中村ユキさんは，統合失調症の家族としての辛い体験を漫画『わが家の母はビョーキです』にユーモラスに描いて広く公表した．あとがきに，「昔は大変だったけど，今はとても幸せです！……これからは家族で『の〜んびりトーシツライフ』していけるといいなぁ」とある．

日本の有名人として初めて統合失調症の体験を広く公表したのは，お笑いコンビ松本ハウスのハウス加賀谷さんである．著書『統合失調症がやってきた』には，小学生時代からの症状の辛さと入院による10年間の休業という苦労とともに，主治医から向いていないと言われても揺るがなかった「ぼくの人生には，芸人の道しかありえなかった」という強い意志が記されている．あとがきに，「偏見がなくなることを期待するより，自分がどう生きるかが大事だと考えているんだ」とある．

b. プラスの情動体験と回復

統合失調症の時代を一歩ずつ前進させた3人もべてるも，踊りや漫画やお笑いという楽しい活動に携わっている．

楽しい活動は，受け手の統合失調症患者にとっては，表情認知の困難を軽減し，情動表出を容易にし，非現在についての情動体験の減弱を回復する手がかりとなる．活動に携わっている3人にとっては，自分の辛い体験を客観視し（メタ認知），それを明るい雰囲気のもとで表現し（認知的な防御因子），笑顔で迎えられる経験を通じて（快楽を低く予想する信念の修正），周囲に幸せをもたらす使命を感じるという（自尊心），「利他的な生き方」をもたらしている．

そうした生き方は困難な現状の見え方を変え（嫌悪評価の減弱），先例のない試みに挑戦する勇気をもたらし（自己効力感），社会の理解を変えることへと結びついている（スティグマ抵抗力）．それは3人の皆さんにとっての，リカバリーでもある(価値意識の実現，脳機能の回復)．これらの取り組みが楽しいことであったことは，偶然ではない．

こうして，研究者による科学的な解明を待つことなく，当事者や家族は情動症状の制約を乗り越えて，自らの力でプラスの情動体験にもとづくリカバリーを実現している．そのリカバリーは，統合失調症だからではなく，多くの人々にとっても普遍的な価値をもつ人間としての成長である．こうした取組みを敬意をもって受け止めて学び，その実践を医学の視点から解明し推進することが，研究者の使命である．そのことが，統合失調症の情動症状の克服へと結びついていくであろう．

［福田正人・高橋啓介・武井雄一］

文　献

1) American Psychiatric Association : Diagnostic and Statistical Manual of Mental Disorders, Fourth Edition, Text Revision, American Psychiatric Association, Washington DC, 2000.（邦訳：高橋三郎，大野　裕，染矢俊幸：DSM-IV-TR 精神疾患の診断：統計マニュアル，医学書院，2002）
2) 大熊輝雄：現代臨床精神医学，改訂第12版，金原出版，2013.
3) Strauss GP, Gold JM : A new perspective on anhedonia in schizophrenia. *Am J Psychiatry* **169** : 364-373, 2012.
4) 岡崎祐士：生活臨床発展のために必要な研究．臨床精神医学 **38** : 191-196, 2009.
5) 伊勢田　堯：生活臨床とは何か．伊勢田　堯，小川一夫，長谷川憲一：生活臨床の基本―統合失調症患者の希望にこたえる支援，日本評論社，pp. 1-18, 2012.
6) Kohler CG, Walker JB, Martin EA, Healey KM, Moberg PJ : Facial emotion perception in schizophrenia : a meta-analytic review. *Schizophr Bull* **36** : 1009-1019, 2010.
7) Chan RCK, Li H, Cheung EFC, Gong Q : Impaired facial emotion perception in schizophrenia : a meta-analysis. *Psychiatry Res* **178** : 381-390, 2010.
8) Kring AM, Moran EK : Emotional response deficits in schizophrenia : insights from affective science. *Schizophr Bull* **34** : 819-834, 2008.
9) Cohen AS, Minor KS : Emotional experience in patients with schizophrenia revisited : meta-analysis of laboratory studies. *Schizophr Bull* **36** : 143-150, 2010.
10) Gold JM, Hahn B, Strauss GP, Waltz JA : Turning it upside down : areas of preserved cognitive function in schizophrenia. *Neuropsychol Rev* **19** : 294-311, 2009.
11) Gard DE, Kring AM, Gard MG, Horan WP, Green MF : Anhedonia in schizophrenia : distinction between anticipatory and consummatory pleasure. *Schizophr Res* **93** : 253-260, 2007.
12) Horan WP, Blanchard JJ, Clark LA, Green MF : Affective traits in schizophrenia and schizotypy. *Schizopr Bull* **34** : 856-874, 2008.
13) Green MF, Hellemann G, Horan WP, Lee J, Wynn JK : From perception to functional outcome in schizophrenia : modeling the role of ability and motivation. *Arch Gen Psychiatry* **69** : 1216-1224, 2012.
14) Li H, Chan RCK, McAlonan GM, Gong Q : Facial emotion processing in schizophrenia : a meta-analysis of functional neuroimaging data. *Schizophr Bull* **36** : 1029-1039, 2010.
15) Taylor SF, Kang J, Brege IS, Hosanagar IFTA, Johnson TD : Meta-analysis of functional neuroimaging studies of emotion perception and experience in schizophrenia. *Biol Psychiatry* **71** : 136-145, 2012.
16) Anticevic A, van Snellenberg JX, Cohen RE, Repovs G, Dowd E, Barch DM : Amygdala recruitment in schizophrenia to aversive emotional material : a meta-analysis of neuroimaging study. *Schizophr Bull* **38** : 608-621, 2012.
17) Kring AM, Elis O : Emotion deficits in people with schizophrenia. *Ann Rev Clin Psychol* **9** : 409-433, 2013.
18) Krabbendam L, Hooker CI, Aleman A : Neural effects of the social environment. *Schizophr Bull* **40** : 248-251, 2014.
19) Lederbogen F, Kirsh P, Haddad L, Streit F, Tost H, Schuch P, Wust S, Pruessner JC,

Rietschel M, Deuschle M, Meyer-Lindenberg A：City living and urban upbringing affect neural social stress processing in humans. *Nature* **474**：498-501, 2011.
20) Akdeniz C, Tost H, Meyer-Lindenberg A：The neurobiology of social environmental risk for schizophrenia：an evolving research field. *Soc Psychiatry Psychiatr Epidemiol* **49**：507-517, 2014.
21) Watson AC, Corrigan P, Larson JE, Sells M：Self-stigma in people with mental illness. *Schizophr Bull* **33**：1312-1318, 2007.
22) Ritsher JB, Otililngam PG, Grajales M：Internalized stigma of mental illness：psychometric properties of a new measure. *Psychiatry Res* **121**：31-49, 2003.
23) Sibitz I, Unger A, Woppmann A, Zidek T, Amering M：Stigma resistance in patients with schizophrenia. *Schizophr Bull* **37**：316-323, 2011.
24) Nabors LM, Yanos PT, Roe D, Hasson-Ohayon I, Leonhardt BL, Buck KD, Lysaker PH：Stereotype endorsement, metacognitive capacity, and self-esteem as predictors of stigma resistance in persons with schizophrenia. *Compr Psychiatry* **55**(4)：792-798, 2014.
25) Raij TT, Korkeila J, Joutseniemi K, Saarni SI, Riekki TJJ：Association of stigma resistance with emotion regulation：functional magnetic resonance imaging and neuropsychological findings. *Compr Psychiatry* **55**：727-735, 2014.
26) 長谷川憲一：生活臨床における家族史研究の意義．臨床精神医学 **38**：163-167, 2009.
27) 福田正人：もう少し知りたい統合失調症の薬と脳，第2版，日本評論社，2012.
28) 福田正人：発達精神病理としての統合失調症―脳と生活と言葉．統合失調症（福田正人，糸川昌成，村井俊哉，笠井清登編），医学書院，pp.59-66, 2013.
29) 浦河べてるの家：べてるの家の「非」援助論，医学書院，2002.

8 発達障害

　ヒトの脳は，かけ引きや欺き，あるいはそれらへの防衛など，社会的な対人交渉のためにこそ言語機能も獲得し，他の霊長類の追従を許さないほど巨大に発達したのだという主張がある[1]．実際，日常生活でも相互的な対人交流を要求される社会的な場面では，知覚，認知，情動，意欲などの精神機能を統合し，瞬時にして膨大な情報処理能力が要求されていると思われる．たとえば，われわれは日常的に何気なく他者の情動や意図を推測して場面に応じて自らのふるまいを調節しているが，これについても表情認知，視線の処理，情動制御，共感，相手との関係性の把握などの高次の精神機能を統合して実現していると思われる．こうした人間社会で生きていく能力を支える共感や道徳性さらには愛他性などの高次の感情は，人間特有で，高度に組織化された人間社会の基盤をなすと考えられてきた．

　一方で，伝統的な脳科学の領域では，対人的な要素を排除した純粋な知覚処理など，狭義の認知機能の脳神経基盤の解明に焦点が当てられ，社会的・対人的な情報の脳神経基盤については比較的近年になって関心が向けられてきたところである[2]．そして，最近15年間ほどでこの領域の研究は飛躍的に増加した[3]．本章では，共感や他者の情動や意図の理解などの社会的認知やその障害である自閉症スペクトラム障害（autism-spectrum disorder：ASD）の脳基盤についての近年の研究成果を概観する．

8.1　社会脳仮説

　進化生物学では，霊長類における新皮質の相対体積と社会的な文脈の情報処理量との有意な相関を根拠に，他者に関する時系列をもった情報，および，他者と自己との関係性の把握といった，社会的文脈における複雑な情報処理こそが，人

間の脳が他の霊長類と比べて高度に進化した要因だとする社会脳仮説が提唱された[1]．社会脳仮説で想定されているように，複雑化した人間社会における対人相互作用の複雑化や情報処理量の増大に対応するべくヒトの脳が巨大化し発達したのだとすると，ヒトという種内で考えても，神経資源の多くの部分を社会適応していくための情報処理に充てている可能性がある．

8.2　ヒトの共感能力の脳基盤

近年，顔の認知，表情認知，視線の処理，といった対人場面での要素的な情報処理の脳基盤についての研究が増加している[2]．さらに，これらの要素的な社会的情報処理に関する知見や情動に関する認知神経科学の発展を土台に，他者の情動や意図の理解や共感能力といったより高次で個体の社会適応にかかわる機能に関する研究も進んできている[4]．

他者の意図の理解に関しては，アニメーションなどを用いた心の理論課題などが試行され，上側頭溝や側頭極そして，内側前頭前野などの脳部位の活動が比較的一貫して報告されている[4]．動作や表情の模倣に関する理論を基盤にした共感に関しても一連の研究が展開されている．Iacoboniらは[5]，動作の観察と模倣のどちらでも下部頭頂皮質や後部下前頭回の賦活がfMRIを用いた実験で観察され，しかもこれらの脳活動は，観察よりも模倣の際により強いことを報告し，ヒトミラーニューロンに相当する所見であると示唆した．さらにこうした模倣に伴う脳活動は，目的が明確な場合に強く[6]，左半球優位ではないことを示した[7]．さらに別の研究グループも，Nishitaniらは[8]これらのミラーニューロンシステムの脳活動の時間経過が，視覚野から上側頭溝，下部頭頂皮質，下前頭回と活動が進むことを，時間解像度に優れた脳磁図を用いて明らかにした．これらの研究結果は，他者の動作を観察し理解する際には，自らが動作を執り行う内的表象が必要であることを示唆している．そして他者の動作だけでなく，その意図を理解するために，これらの脳活動が役立っている可能性を，Iacoboniらは[9]，同じ動作を観察する場合でも，動作の主の意図を把握できる状況が示された場合に後部下前頭回の活動が強くなることから示した．

さらに，感情表出を示す表情の模倣と観察では，上側頭溝や後部下前頭回に加えて，扁桃体や島皮質が同様の活動パターンを示すと報告した[10]．また，嫌悪感を示す他者の表情を観察する際にも，被験者自身が嫌悪感を抱く際にも，島皮質

が共通して活動することが示されている[11]．すなわち，他者の感情を内的表象のレベルで模倣して体験することで，他者の感情を理解し共感するということを，これらの情動に関連の深い部位の賦活は示唆すると考えられている．

一方で英国の研究グループでは，痛み刺激とその観察の際の脳活動を検討することで，共感についての研究を展開した．Singer ら[12]は被験者が実際に痛み刺激を受けている最中の脳活動と，被験者の恋人が痛み刺激を与えられているのを見ている最中の脳活動を fMRI を用いて比較し，前部島皮質と背側前部帯状皮質が共通して活動し，被験者自身の恋人の痛みへの主観的共感度と相関することを示した．さらに，この痛み刺激を受ける相手への共感が，相手の公正さと，共感する者の性によってどのように変化するかも検討し，女性の場合には相手が不正を行っていてもいなくても同様に前部島皮質を介した共感が生じるのに対して，男性の場合には不正を行っている相手が痛み刺激を受けている場合には前部島皮質の活動が起きないことを示した[13]．

上述してきた，心の理論課題を用いた研究，模倣課題を応用した他者の意図の理解や共感能力の研究，恋人の痛み刺激への共感課題を用いた研究では，少しずつ関与する脳部位が異なっている．これらの過程を今後は区別していく必要が指摘されている[13]．

8.3　ASD での共感能力の障害の脳基盤

ASD は，最近の報告では 100 人に 1 人を超える頻度で報告される代表的な発達障害で，他者の情動や意図の理解の困難を主徴とする社会的コミュニケーションの障害を中核症状として示す．ASD の当事者では，上側頭溝や後部下前頭回などのヒトミラーニューロンシステムの機能的・形態的障害が報告されてきている[14,15]．

前出の Iacoboni らのグループでは，ASD 当事者の社会性の障害の基盤を検討するべく，前出の表情の模倣を利用した共感課題を応用した．その結果，ASD の当事者では，他者の表情の模倣を行う際に，定型的な発達を示す対照のような後部下前頭回の活動が認められないことを示した[16]．そして，この部位の脳活動の程度が，当事者の社会性の障害の重症度と相関することを報告した．Nishitani らも，口の動きの模倣課題の際に，健常対照での後部下前頭回の活動に比べて，アスペルガー障害当事者での同部位の活動が有意に弱いことを報告した．そして

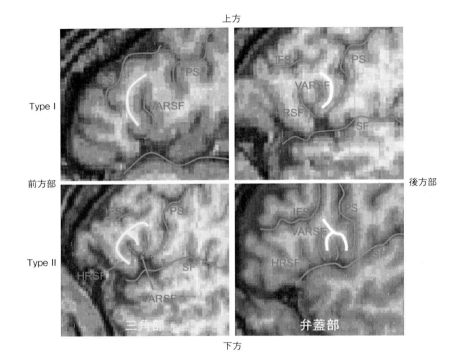

図 8.1 下前頭回の区分（Yamasaki et al., 2010, 一部改変）[17]［カラー口絵参照］
ヒトミラーニューロンシステムの中核を成すと考えられている下前頭回のMRI画像上での区分．脳溝パターンの個人差をタイプ分けして区分した．
IFS：inferior frontal sulcus, SF：Sylvian fissure, HRSF：horizontal ramus of the Sylvian fissure, VARSF：vertical ascending ramus of the Sylvian fissure, PS：precentral sulcus.

さらに，脳磁図の時間解像度を活用し，同部位の活動が弱い上に，時間的にも遅れることを示した[18]．これらの研究から，ASD の社会性の障害の基盤に，ヒトミラーニューロンシステムの機能異常を介した，模倣の障害が存在することが示唆された．

筆者らも，ASD の双生児一致例で，前頭前野や上側頭溝，紡錘状回などの社会機能を司る脳部位の形態異常が遺伝基盤をもつものであることを指摘した[19]（図候補）．さらにその後，ASD と診断された，知的には平均以上の13名の成人男性当事者と，背景情報に差がない11名の定型発達の男性を比較した．脳溝パターンの個人差も考慮の上，用手的な体積計測方法を用いて，頭部 MRI 上で下前頭回の体積を弁蓋部と三角部に区分して測定した（図 8.1）．この弁蓋部が

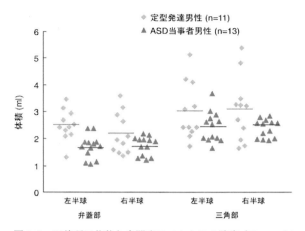

図 8.2 下前頭回体積と自閉症スペクトラム障害（Yamasaki et al., 2010, 一部改変）[17]
高機能の自閉症スペクトラム障害（autism spectrum disorder：ASD）当事者における左右両半球および弁蓋部と三角部両方の有意な灰白質体積減少．

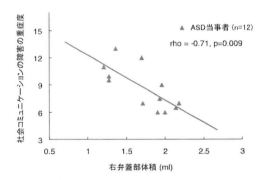

図 8.3 下前頭回体積と社会コミュニケーションの障害（Yamasaki et al., 2010, 一部改変）[17]
高機能の自閉症スペクトラム障害当事者（autism spectrum disorder：ASD）における右弁蓋部の体積が小さいほど臨床的に観察された社会的コミュニケーションの障害が重度であることを示す相関．

下前頭回の後部を成し，おもにブロードマンの 44 野に相当する．一方，三角部は下前頭回の前部を成し，おもにブロードマンの 45 野に相当する．その結果，ASD 当事者のグループでは，定型発達の対照と比べ，下前頭回の灰白質体積が

左右ともに弁蓋部も三角部も統計学的に有意に小さかった（図8.2）．効果量で示される体積減少の程度は弁蓋部（1.25）の方が三角部（0.9）よりも大きかった．そして，とくに右半球の弁蓋部の体積が小さい者ほど模倣等を介した対人コミュニケーションの障害が重度であることを示す有意な相関が見出された（図8.3）．この研究結果から，ヒトミラーニューロンシステムの中心部位と考えられている下前頭回の弁蓋部が，自閉症の対人相互作用の障害に脳形態レベルでの重要な関与をもつことが示唆された．

8.4　オキシトシン投与と社会的認知の改善，その脳画像所見

　近年，実験動物において愛着や友好関係の形成に重要な役割を示すことが知られる神経ペプチドであるオキシトシンの投与によって，ヒトでも他者に対して信頼感を得やすくなったという知見が報告され，注目を集めた[20]．この研究では，精神疾患のない一般的な男子大学生を対象に，相手を適度に信頼することで報酬が最大になるというゲーム課題を用いて，オキシトシン投与後に駆け引きの相手に対する信頼を抱いて報酬を得やすくなったことを示した．さらにこの信頼増強が，オキシトシン投与後に対人相互作用における社会的なリスクを受け入れやすくなるためであると結論づけた．その後もこの健常男性におけるオキシトシン投与による社会機能の変化は，他者の目もとからその意図を推し量る能力が改善するという報告などで追試された[21]．そして健常成人を対象としたオキシトシン点鼻剤単回投与による心理実験成績の変化の報告はその後急激に増加し，2011年の時点で30編を超える研究が論文発表されて総説論文も相ついで発表された[22～24]．さらに，オキシトシン投与によって表情や顔の認知の改善となんらかの利益を共有するような内集団（in-group）での信頼は促進されることがメタ解析レベルで示された[25]．

　fMRIを用いた研究も行われ，恐怖を誘発する視覚刺激を受けた際の扁桃体の血流増大は，オキシトシン投与によって減少することが報告された．とくに，ヘビなどの刺激よりも，犯罪や事故などの社会的側面をもつ恐怖課題に対してより強い賦活の減少が報告された[26]．さらにその後複数の研究が，情動刺激を処理中の扁桃体活動がオキシトシン噴霧によって変化することを報告した[21,27,28]．これらの研究では，恐怖刺激等の情動賦活課題を用いているため，直接的に対人相互作用の変化の脳基盤を検討しているわけではないが，オキシトシン投与による脳

機能変化に，扁桃体のように社会機能に関与し，オキシトシン受容体も豊富な部位の機能変化が関与することを示唆している．さらに幼児が泣くのを見る際には，女性の下前頭回等の前頭前野の脳活動がオキシトシン噴霧で増加することが報告された[29]．

8.5 オキシトシン投与による自閉症への治療可能性

さらに，ASD 当事者においても，オキシトシンの点滴投与によって，常同反復性や朗読の際の情感の理解困難などの自閉症症状が改善したという報告がある[30,31]．さらに最近，経鼻投与を用いた検討でも，目もとから感情を推し量る能力の改善[32]や協調的な行動が促進されるという報告[33]がされた．こうした知見は，オキシトシン受容体遺伝子と自閉症との関連や[34]，オキシトシン分泌を制御する CD38 分子のノックアウトマウスで見られる社会的な行動の障害[35]などとともに，オキシトシンの機能不全が自閉症の病因や病態に関与しているという仮説を支持し，さらにはオキシトシン投与による自閉症への治療的介入の可能性も示唆している[24,36]．

図 8.4　言語情報および非言語情報から相手の友好性を判断する心理課題．(Watanabe et al., 2012, 一部改変)[37]

研究参加者には短いビデオを見てもらい，そこに登場する俳優が発する言葉の内容と言葉を発する際の顔や声の表情から，その俳優が参加者にとって友好的に感じられるか敵対的に感じられるかを判断してもらった．俳優は，「きたないね」「ひどいね」といったネガティブな言葉と「すごいね」「すばらしいね」などのポジティブな言葉を，嫌悪感を示す表情・声色もしくは笑顔を示す表情・声色と組み合わせて発する．

筆者らは，オキシトシンの投与効果を検証することを念頭に，前述のような先行文献からオキシトシンが非言語的なコミュニケーション情報を活用することや他者の友好性を判断することを促進することを予測して，他者を友好的か敵対的か判断する際に表情や声色などの非言語情報と相手の発した言葉の内容の言語情報のどちらをより活用するかを検討する心理課題を作成した（図8.4）．

定型発達者がこの課題を行うと，言語一非言語情報が不一致な際には非言語情報を重視して相手の友好性を判断しやすく，その際下前頭回，島前部，上側頭溝，内側前頭前野など社会知覚や共感に関与する領域が動員された[38]．次に，服薬をしておらず知的障害や精神神経疾患の併発のない成人ASD男性15名と背景情

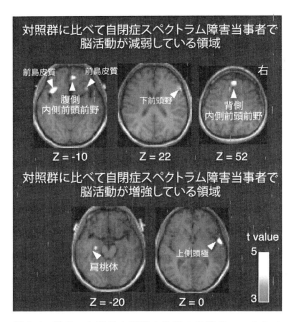

図8.5 相手の友好性を判断する際の自閉症スペクトラム障害当事者の脳活動の特徴（Watanabe et al., 2012, 一部改変)[37]［カラー口絵参照］
自閉症スペクトラム障害と診断された当事者の群では，表情や声色などの非言語情報を重視して他者の友好性を判断する機会が少なく，その際には，精神障害のない対照の群に比べて，脅威的な刺激に対して反応することが知られる扁桃体の活動は強く，内側前頭前野などの活動は減弱していた．

報を一致させた定型発達の対照男性17名で心理課題成績と課題施行中のfMRI信号を比較した．すると，この課題をASD当事者が行った場合には，定型発達者に比べて非言語情報を重視して友好性を判断する機会が有意に少なく，その際に内側前頭前野，下前頭回，島前部などの賦活が有意に減弱していた（図8.5）．そして内側前頭前野の賦活が減弱しているほど臨床的なコミュニケーション障害の重症度が重いという相関を認めた[37]．

さらに，オキシトシン関連分子の遺伝子の中間表現型や表現型と考えられる社会性の障害やその脳基盤に関しては，オキシトシンの投与で変化が期待されるのではないかという仮説のもと[24]，東京大学医学部附属病院で40名の成人ASD当事者を対象に，上述した社会的コミュニケーションの障害を反映する心理課題成績や脳画像指標が，オキシトシン単回投与によって改善するかどうかを二重盲検で無作為の偽薬−実薬の臨床試験で検討した．

オキシトシン投与効果の主要評価項目として，すでに見出していた自閉症スペクトラム障害群の他者の友好性を表情や声色などの非言語情報を活用して判断することが少ないという行動特徴，およびその際に内側前頭前野などの脳活動が減弱しているという特徴が，定型発達パターンに回復するか否かを検証した．その結果オキシトシン投与は，ASD群においても，定型発達群で観察されていた表情や声色を活用して相手の友好性を判断する行動が増え（図8.6），もともと減

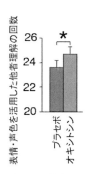

図8.6 オキシトシン投与による行動変化
（Watanabe et al., 2013，一部改変）[39]
自閉症スペクトラム障害の当事者では，オキシトシン点鼻スプレーを1回投与したことで，定型発達群で多かったタイプの，表情や声色を活用して相手の友好性を判断する行動が増えた．

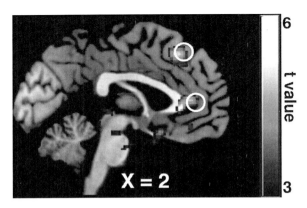

図 8.7 オキシトシン投与による脳活動変化（Watanabe et al., 2013，一部改変）[39]［カラー口絵参照］
自閉症スペクトラム障害の当事者では，オキシトシン点鼻スプレーを1回投与したことで，表情や声色を活用して相手の友好性を判断する際のもともと減弱していた内側前頭前野の活動が回復した．白い円で示したもともと活動が減弱していた部位とオキシトシン投与で脳活動が増した部位がおおむね一致していた．

弱していた領域で内側前頭前野の活動が回復し（図8.7），それら行動上の改善度と脳活動上の改善度が関与しあっていた[39]．

こうした研究成果は，これまでは治療法が確立されていないASDの社会的コミュニケーションの障害に対して，オキシトシンが初の治療薬として臨床応用できる可能性を支持している．そのため，筆者らはさらに臨床応用を目標とした研究計画に取り組んでいる．また，米国などでも同様に臨床応用を目標としていると思われる研究計画が取り組まれている．

8.6 男女差と社会性

上述してきたオキシトシンには，その分泌や機能に男女差がよく知られている[3,40]．こうした男女差が社会的認知機能にどのように表現されるか興味深いところである．また，他にも男女差を認める因子として，性ホルモンと神経発達との関連も興味深い．エストロゲンは神経栄養因子と様々な相互作用をもち，それによって神経発達や変性を制御するという知見が蓄積されてきた[41,42]．また，エストロゲンに比べると研究が少ないものの，テストステロンもBDNFと相互作

用して,神経細胞の生存に関与することが報告されている[43].

　こうしたオキシトシンや性ホルモンの中枢神経系における男女差は,はたして中枢神経を介したどのような表現型と関連しているのだろうか.男女差が認められやすい精神機能として,情動や空間認知が古くから知られているが,協調性などの社会機能や,集団形成などの社会活動にも著明な男女差が存在する[44].こうした社会活動の男女差には,それぞれの生殖や繁殖における役割の違いに起因していると考えられている[1].こうしたことから,オキシトシンや性ホルモンは,生殖や繁殖における重要な役割を介して,社会機能の男女差の形成にも貢献していることが示唆される.

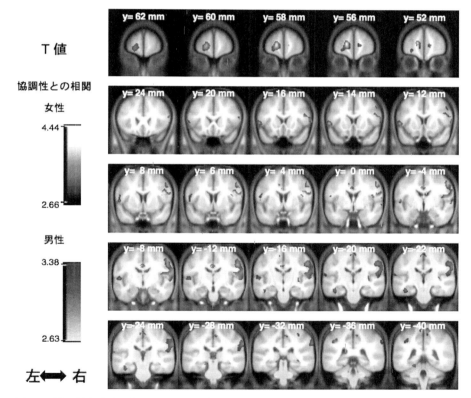

図 8.8 協調性と社会脳領域における灰白質体積の女性に特有な相関(Yamasue et al., 2008, 一部改変)[45][カラー口絵参照]
下前頭回後部や内側前頭前野前方部など,対人相互作用などにかかわることが知られる脳部位の灰白質体積が大きいほど協調性が高いという相関関係が女性特有に認められた.

8.7 社会性の男女差と社会脳領域の男女差

筆者らは，健常男女 155 名においての脳形態の差と社会相互性の差の関連を MRI と Temperament and Character Inventory の協調性得点を用いて検討した．その結果，下前頭回後部などのヒトミラーニューロンシステムをなす脳部位や内側前頭前野などの灰白質体積が大きいほど（図 8.8），さらに脳全体で見ても脳灰白質体積が大きい者ほど協調性が高いという統計的に有意な相関を見出した（図 8.9）．また，これらの相関は女性に特異的で，協調性自体も女性でより高く，総灰白質体積や内側前頭前野やミラーニューロンシステムの相対体積も女性でより大きいと示した[45]．これらの結果からは，女性でより強く作用する要因が，こうした部位を女性でより大きく発達させ高い協調性を形成するという可能性が示唆された．さらに，協調性は健常男性よりも自閉症スペクトラム障害当事者でさらに低いことから，こうした要因は女性で自閉症スペクトラム障害が少ないこと

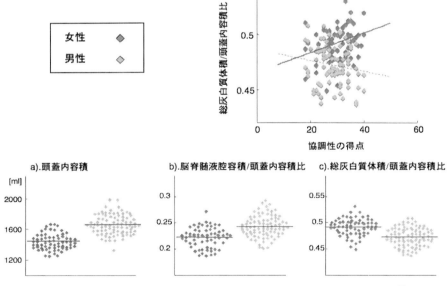

図 8.9 協調性と総灰白質体積の女性に特有な相関（Yamasue et al., 2008, 一部改変）[45]　[カラー口絵参照]
総灰白質体積の頭蓋内容積比が大きいほど協調性が高いという女性に特有な相関．

にも関連する可能性があると考えた.

8.8 オキシトシン関連分子の遺伝子多型と脳形態

筆者らは，ASDとの関連がこれまでに報告されているオキシトシン受容体遺伝子の七つのSNP (single nucleotide polymorphisms) と一つのハプロタイプブロックと，MRIから用手的に境界を定義して測定した扁桃体および海馬の体積との関係を208人の成人している定型発達の日本人において検討した．その結果，ASD当事者に多く認められるタイプのオキシトシン受容体遺伝子多型rs2254298Aを多くもつほど，扁桃体の体積が大きいことを見出した（図8.10）．また，同アレルを含む3SNPからなる二つのハプロタイプも扁桃体体積との関連を示した．これらの関連は，多重比較に伴う有意水準の補正後にも統計学的有意水準を超えていた．しかし一方，同様の関連は全脳体積や海馬体積とは認めなかった．ASD当事者の扁桃体体積が定型発達者に比べて大きいことは，以前から報

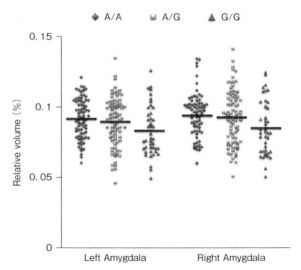

図8.10 自閉症スペクトラム障害のリスク要因と扁桃体体積（Inoue et al., 2010, 一部改変）[46]［カラー口絵参照］
過去にアジア人種で自閉症スペクトラム障害との関連が報告されていたオキシトシン受容体遺伝子 *OXTR* rs2254298 A allele を多くもつ健常者ほど扁桃体（amygdala）体積が有意に大きかった（$n=208$）．

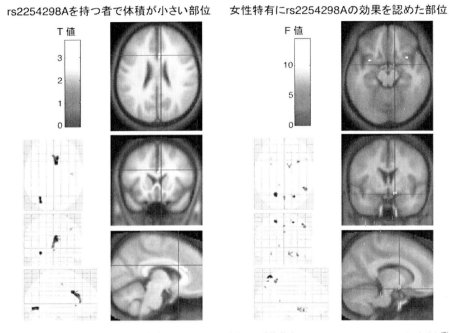

図 8.11 自閉症スペクトラム障害のリスク要因と脳局所体積（Yamasue et al., 2011, 一部改変）[47]
［カラー口絵参照］
健常成人 208 名において，自閉症スペクトラム障害の感受性候補遺伝子の一つであるオキシトシン受容体遺伝子 *OXTR* rs2254298A を有する個体がもたないものよりも局所脳灰白質体積が小さい部位を図示した．男女共通に前部帯状回体積の減少が，女性特有に視床下部体積の減少が認められた．

告されていた．また，動物実験からオキシトシン受容体が最も多く分布する脳部位は扁桃体であることが知られていた．さらに，オキシトシンは他者の感情の理解を促進したり信頼関係を形成したりする上で重要な役割をもち，この際に扁桃体の働きの変化が関与することが示されていた．最近ではオキシトシンが自閉症の対人コミュニケーション障害にも改善効果を示す可能性が示されていた．今回の研究結果は，遺伝子や脳体積のレベルから，オキシトシンが扁桃体のような部位の発達への影響を介して対人行動やその障害に関与することを支持している．

　この筆者らが報告した日本人におけるオキシトシン受容体遺伝子多型 rs2254298 と用手的に測定した扁桃体体積の相関結果に対して，ドイツの研究グループが，コンピューター画像統計解析で解析した前部帯状回と視床下部の体

8.8 オキシトシン関連分子の遺伝子多型と脳形態

積を反映する灰白質濃度が白色人種における同 SNP と関連することを示す一方で扁桃体の濃度とは関連しないことを示し，結果の違いについて人種差や脳部位の差異の関与を指摘した[48]．それに対して筆者らはさらに，日本人サンプルにおいてもコンピュータ画像統計解析を行うと同 SNP は前部帯状回灰白質体積と有意な関連を示すことを報告した．また，同 SNP は視床下部とは女性特異的に有意な関連を認めた一方で，扁桃体とは有意な関連を認めないことを示した[47]（図 8.11）．また，最近米国の研究グループから，コンピュータ画像統計解析を用いた場合には同 SNP と前部帯状回との関連を認める一方で扁桃体とは関連を認めず，しかし同一の対象での用手的に測定した扁桃体体積とは同 SNP が有意に関連するという報告がなされた[49]．これらの報告を総合して，人種を超えて同 SNP が前部帯状回等の辺縁系構造物の発達に影響を与えている可能性，そして扁桃体の結果の不一致については用手的体積測定に比較してコンピュータ画像統計解析には系統的な問題が関与している可能性を指摘した[47]．

さらに，健常者のなかでも自閉症的社会行動パターンの強さが強い男性ほど右

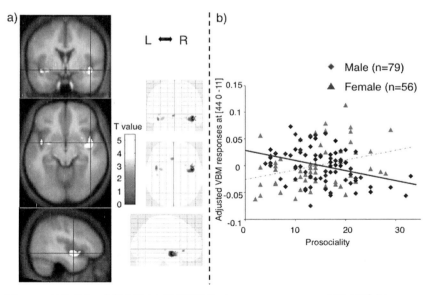

図 8.12 健常者内の自閉症傾向と脳局所体積（Saito et al., 2013，一部改変）[50]［カラー口絵参照］
健常者内の社会行動パターン（向社会性：prosociality）が自閉症的な男性ほど右島皮質の灰白質体積が小さかった．

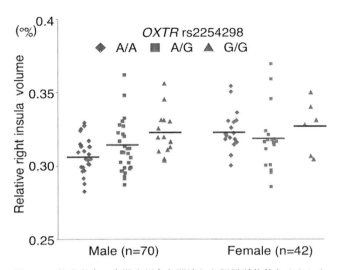

図 8.13 健常者内の自閉症傾向と関連した脳局所体積とオキシトシン受容体遺伝子（Saito et al., 2013, 一部改変）[50]［カラー口絵参照］
自閉症スペクトラム障害の感受性候補遺伝子の一つであるオキシトシン受容体遺伝子多型 *OXTR* rs2254298A を有する健常男性はこの右島皮質（insula）の灰白質体積が小さかった．

島皮質の灰白質体積が小さく（図 8.12），さらにオキシトシン受容体遺伝子多型 rs2254298A を有する健常男性はこの右島皮質の灰白質体積が小さいことも示した（図 8.13）[50]．

8.9 男女差と自閉症スペクトラム障害

　上述してきたように，オキシトシンや性ホルモンなどの生物学的な男女差を形成する因子が，神経発達や社会性の形成においても重要な役割を果たすことが示唆されている．そして，社会機能には男女差が存在し，さらには社会性の障害を中核とする代表的な発達障害である自閉症や自閉症スペクトラム障害の有病率にも約 4 倍から 10 倍といった顕著な男女差が存在する．

　Baron-Cohen らは，健常女性に比べて健常男性は，共感性や友好性が低いが，その一方で理論的に体系立てて物事を理解したり推論したりする能力が高いこと，そしてさらに，健常男性に比べてアスペルガー障害や高機能自閉症の当事者が同様の偏りを示すことから，"extreme male brain theory of autism" を提唱

した[51]．男女差を形成する因子と自閉症スペクトラム障害の社会性の障害を形成する因子がすべて重なることはないにしても，これらの一部が重複すると推論するのは妥当であろうと考えられる．そのため，男女の社会機能の違いを形成する因子を明らかにしていくことが，自閉症の社会性の障害の解明に貢献すると考えられ，今後はそうした研究が待たれる．

おわりに

近年の社会的認知やその障害である自閉症スペクトラム障害に関連する脳画像研究を中心に概観した．この領域の神経科学の進歩により，共感や他者の意図の理解，さらには愛他性といった高次で人間特有の精神機能についても生物学的な研究がなされてきている．こうした複雑な認知機能は，純粋な知覚などの要素的な認知と比較して，要因の制御が困難で研究しずらい領域である．しかし，社会脳仮説の観点からは，ヒトの脳が発達した最大の要因は社会的な情報処理量の増大であり，ヒトの脳の多くの残された謎を解くためには，こうした社会的認知の脳研究がその重要な鍵となりうると思われる．そしてその際には，男女差，神経ペプチドといった要因がそのキーワードとなりつつある現状を示した．

［山末英典］

文　　献

1) Dunbar R：*Science* **302**：1160-1161, 2003.
2) Adolphs R：*Nat Rev Neurosci* **4**：165-178, 2003.
3) Yamasue H et al：*Psychiatry Clin Neurosci* **63**：129-140, 2009.
4) de Vignemont F, Singer T：*Trends Cogn Sci*（Regul Ed）**10**：435-441, 2006.
5) Iacoboni M et al：*Science* **286**：2526-2528, 1999.
6) Koski L et al：*Cereb Cortex* **12**：847-855, 2002.
7) Aziz-Zadeh L et al：*J Neurosci* **26**：2964-2970, 2006.
8) Nishitani N, Hari R：*Neuron* **36**：1211-1220, 2002.
9) Iacoboni M et al：*PLoS Biol* **3**：e79, 2005.
10) Carr L et al：*Proc Natl Acad Sci USA* **100**：5497-5502, 2003.
11) Wicker B et al：*Neuron* **40**：655-664, 2003.
12) Singer T et al：*Science* **303**：1157-1162, 2004.
13) Singer T et al：*Nature* **439**：466-469, 2006.
14) Waiter GD et al：*Neuroimage* **22**：619-625, 2004.
15) Hadjikhani N et al：*Cereb Cortex* **16**：1276-1282, 2006.
16) Dapretto M et al：*Nat Neurosci* **9**：28-30, 2006.

17) Yamasaki S et al : *Biol Psychiatry* **68** : 1141-1147, 2010.
18) Nishitani N et al : *Annals of Neurology* **55** : 558-562, 2004.
19) Yamasue H et al : *Neurology* **65** : 491-492, 2005.
20) Kosfeld M et al : *Nature* **435** : 673-676, 2005.
21) Domes G et al : *Biol Psychiatry* **61** : 731-733, 2007.
22) Meyer-Lindenberg A et al : *Nat Rev Neurosci* **12** : 524-538, 2011.
23) Bartz JA et al : *Trends Cogn Sci* **15** : 301-309, 2011.
24) Yamasue H et al : *J Neuroscience* **32** : 14109-14117, 2012.
25) van Ijzendoorn MH, Bakermans-Kranenburg MJ : *Psychoneuroendocrinology* **37** : 438-443, 2012.
26) Kirsch P et al : *J Neurosci* **25** : 11489-11493, 2005.
27) Petrovic P et al : *J Neurosci* **28** : 6607-6615, 2008.
28) Gamer M et al : *Proc Natl Acad Sci USA* **107** : 9400-9405, 2010.
29) Riem MME et al : *Biol Psychiatry* **70** : 291-297, 2011.
30) Hollander E et al : *Neuropsychopharmacology* **28** : 193-198, 2003.
31) Hollander E et al : *Biol Psychiatry* **61** : 498-503, 2007.
32) Guastella AJ et al : *Biol Psychiatry* **67** : 692-694, 2010.
33) Andari E et al : *Proc Natl Acad Sci USA* **107** : 4389-4394,
34) Wu S et al : *Biol Psychiatry* **58** : 74-77, 2005.
35) Jin D et al : *Nature* **446** : 41-45, 2007.
36) Yamasue H : *Brain Dev* **35** : 111-118, 2013.
37) Watanabe T et al : *PLoS One* **7** : e39561, 2012.
38) Watanabe T et al : *Soc Cogn Affect Neurosci* 2013.
39) Watanabe T et al : *JAMA Psychiatry* **71** : 166-175, 2014.
40) Carter CS : *Behav Brain Res* **176** : 170-186, 2007.
41) Scharfman HE, Maclusky NJ : *Trends Neurosci* **28** : 79-85, 2005.
42) Sohrabji F, Lewis DK : *Front Neuroendocrinol* **27** : 404-414, 2006.
43) Rasika S et al : *Neuron* **22** : 53-62, 1999.
44) Cahill L : *Nat Rev Neurosci* **7** : 477-484, 2006.
45) Yamasue H et al : *Cereb Cortex* **18** : 2331-2340, 2008.
46) Inoue H et al : *Biol Psychiatry* **68** : 1066-1072, 2010.
47) Yamasue H et al : *Biol Psychiatry* **70** : E41-E42, 2011.
48) Tost H et al : *Biol Psychiatry* **70** : E37-E39, 2011.
49) Furman DJ et al : *Psychoneuroendocrinology* **36** : 891-897, 2011.
50) Saito Y et al : *Soc Cogn Affect Neurosci* 2013.
51) Baron-Cohen S : *Trends Cogn Sci* **6** : 248-254, 2002.

9 摂食障害

　摂食障害は，拒食や過食などの食行動の異常とともに，やせ願望や肥満恐怖などの身体イメージに関する認知の歪みを生じ，生活や行動のすべてが食に振り回されてしまう精神疾患である．摂食障害の中核的な病態には，身体イメージの障害と様々な情動の異常が関連していると考えられている．情動とは，興奮，不安，快/不快，恐怖，抑うつなどの本能的欲求にかかわる感情であり，摂食障害では情動の異常を高率に合併している．摂食障害患者は，体重や体型に自己評価が大きく影響されるため，不安，不快，恐怖，抑うつなどの負の情動を過剰に生じやすく，情動や食行動の異常が増悪するという悪循環を形成する．情動の異常を伴うと治療に難渋することが多く，予後不良となるため，摂食障害と情動の関連性が注目されている．

　摂食障害は，おもに神経性無食欲症（拒食症，anorexia nervosa：AN）と神経

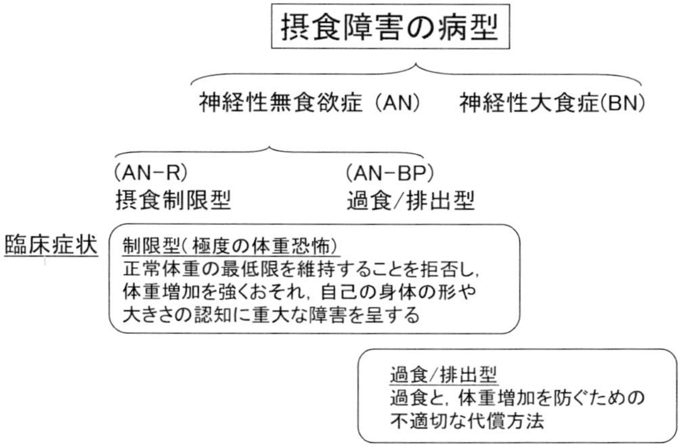

摂食障害の病型

神経性無食欲症（AN）　　神経性大食症（BN）

（AN-R）　　　　（AN-BP）
摂食制限型　　　　過食/排出型

臨床症状

制限型（極度の体重恐怖）
正常体重の最低限を維持することを拒否し，体重増加を強くおそれ，自己の身体の形や大きさの認知に重大な障害を呈する

過食/排出型
過食と，体重増加を防ぐための不適切な代償方法

図 9.1　摂食障害の病型

性大食症（過食症，bulimia nervosa：BN）に大別される（図9.1）．一般にANでは心理的な問題やストレスを認知しようとせず，情動を回避するために食への異常なこだわりややせへの追求に向かい，体重増加に対する不安，恐怖，抑うつなどを生じる．BNでは不快な情動の制御が困難であるため，衝動的に過食に陥り，過食後に体重増加に対する不安が高まり，自己嫌悪，無気力，抑うつなどを生じると考えられている．しかしながら，情動との関連が複雑な疾患であり，病態は様々である．本章では，摂食障害の臨床徴候や，身体イメージの歪みと情動の異常に関連した摂食障害の病態解明をめざした脳機能画像研究を中心として紹介する．

9.1 摂食障害の診断と発症因子

a. 摂食障害の診断と情動の異常

摂食障害は若年女性を中心に増加傾向であり，有病率は女性が男性の約10倍多く，臨床像も多様かつ複雑化してきている[1]．ANは，強いやせ願望を認め，身体に危険が生じるほどのやせを呈しても，"まだ太っている"と感じ（身体イメージの障害），体重の増加に対して強い不安や恐怖を生じる（肥満恐怖）．そのため，ANは低体重を維持するために，不食や極端な食事制限（摂食制限型：anorexia nervosa restricting type：AN-R），あるいは過食や自己誘発性嘔吐などによる排出行動（過食/排出型：anorexia nervosa binge-eating/purging type：AN-BP）などの過剰な努力を行う．しかし，体は飢餓状態のため，その反動で頭のなかは食べ物のことばかり考えてしまい，生活のすべてが食に振り回される状態となり，不安や抑うつ気分，強迫症状などを生じる．著しいやせと様々な身体・精神症状を生じる症候群である．BNは，短時間に大量の食べ物を衝動的に摂取（自己コントロール困難な過食）しては，その後，自己誘発性嘔吐や下剤・利尿薬などの乱用，翌日の食事制限などにより体重増加を防ぐなどの不適切な代償行動を繰り返す．体重はANほど減少せず，過食後に抑うつ気分，無力感，自責感などを生じる症候群である．診断には，米国精神医学会による精神疾患の診断・統計マニュアル（Diagnostic and Statistical Manual of Mental Disorders, fifth edition：DSM-V）[2]や国際疾病分類（International Classification of Diseases：ICD-10）がよく用いられている．DSM-Vの診断基準を表9.1に示す．

摂食障害は，気分障害や不安障害などの併存が多いことが臨床上よく知られ

表 9.1 摂食障害の診断基準 (DSM-V)[2]

神経性やせ症/神経性無食欲症の診断基準
A. 必要量と比べてカロリー摂取を制限し，年齢，性別，成長曲線，身体的健康状態に対する有意に低い体重に至る．有意に低い体重とは，正常の下限を下回る体重で，子どもまたは青年の場合は，期待される最低体重を下回ると定義される．
B. 有意に低い体重であるにもかかわらず，体重増加または肥満になることに対する強い恐怖，または体重増加を妨げる持続した行動がある．
C. 自分の体重または体型の体験の仕方における障害．自己評価に対する体重や体型の不相応な影響，または現在の低体重の深刻さに対する認識の持続的欠如．
  [分類]
  摂食制限型：過去3カ月間，過食または排出行動（つまり，自己誘発性嘔吐，または緩下剤・利尿薬，または浣腸の乱用）の反復的なエピソードがないこと．この下位分類では，おもにダイエット，断食，および/または過剰な運動によってもたらされる体重減少についての病態を記載している．
  過食・排出型：過去3カ月間，過食または排出行動（つまり，自己誘発性嘔吐，または緩下剤・利尿薬，または浣腸の乱用）の反復的なエピソードがあること．

神経性過食症/神経性大食症の診断基準
A. 反復する過食エピソード．過食エピソードは以下の両方によって特徴づけられる．
  (1) 他とはっきり区別される時間帯に（例：任意の2時間の間の中で），ほとんどの人が同様の状況で同様の時間内に食べる量よりも明らかに多い食物を食べる．
  (2) そのエピソードの間は，食べることを制御できないという感覚（例：食べるのをやめることができない，または，食べる物の種類や量を抑制できないという感覚）．
B. 体重の増加を防ぐための反復する不適切な代償行動．たとえば，自己誘発性嘔吐；緩下剤，利尿薬，その他の医薬品の乱用；絶食；過剰な運動など．
C. 過食と不適切な代償行動がともに平均して3カ月間にわたって少なくとも週1回は起こっている．
D. 自己評価が体型および体重の影響を過度に受けている．
E. その障害は，神経性やせ症のエピソード期間にのみ起こるものではない．

ている．面接法による研究では，大うつ病はAN患者の29～68%，BN患者の43～78%に合併し，不安障害はAN患者の46%，BN患者の36～64%に合併することが報告されている[3]．最近の総説では，AN患者の23～75%，BN患者の25～75%が少なくとも一つの不安障害の生涯診断を有すると報告されている[4]．これらの併存率は，一般人口を対照とすると明らかに有意に高く，摂食障害に情動の異常を合併すると，難治で予後が悪いとされている．摂食障害は慢性化すると様々な身体的および精神的合併症を併発し，社会生活が困難となり，悪循環を形成することが指摘されている．重症化すると死に至る危険性も高く，深刻な問題であり，有効な治療法の確立のためにも病態の解明が望まれている．

b. 摂食障害の発症因子

摂食障害の発症は，心理的要因，社会的要因，生物学的要因が複雑に絡みあって生じる multi-dimentional model（多元的モデル）と考えられている．

心理・社会的要因

おもな心理的発症要因として，①性格，②自立葛藤，③低い自尊心，④身体像の障害，⑤不適切な学習，⑥認知の歪み，⑦家族関係，⑧偏った養育態度などがあげられている[3]．完全主義や低い自己評価が摂食障害発症に有意に関係していたとの報告もあり，以前から危険因子として考えられている．また，やせ願望に支えられたダイエット文化や肥満蔑視，女性の社会進出の増大，飽食の時代などの社会的な要因も現代社会における摂食障害発症の増加に影響を与えていると思われる．

生物学的要因

心理・社会的要因のみならず，生物学的要因も摂食障害の発症やその持続に関与しており，神経内分泌学的異常や脳機能異常などの生物学的危険因子の関与が推測されている．こうした背景から，遺伝子，脳内の摂食中枢調節機構，脳の形態学的，機能的変化など生物学的要因について多くの研究がなされている．

1）遺伝素因

摂食障害患者の同胞や近親者に摂食障害の発症例が多いことや，一卵性双生児における摂食障害の一致率が，二卵性双生児よりも高率であることから，遺伝的要因の関与は大きいと考えられている[5]．さらに，摂食障害の遺伝学的研究も行われており，セロトニン（5-hydroxytryptamine：5-HT）系の異常の関与が最も多く研究されている．5-HT 系受容体である 5-HT_{2A} および 5-HT_{2c} が重要な候補遺伝子の一つとして検討されてきたが，AN との関連については一定の見解が得られていない．BN においては，衝動性の増加，5-HT 活性の低下との関連性がより高いと報告されている[6]．

2）摂食行動の中枢調節機構

摂食行動は，おもに視床下部に存在するエネルギー依存型摂食調節系が調節している[7]．粟生[8]によると，摂食行動を司る神経回路網として，視床下部は内臓調節系である延髄の孤束核から体内情報を受け取り，迷走神経背側運動核へ摂食時の内臓調節出力信号を出す．橋の傍腕核ならびに中脳中心灰白質は，その双方向性中継部位である．食物やそれを取り巻く状況の認知や摂食に伴う情動性評価

および情動発現は，前頭前野と大脳辺縁系の扁桃体や海馬が担当し，摂食行動における運動性出力は，運動連合野―運動野などが担っている．摂食障害では，これらの脳内の摂食調節機構が障害されていると考えられている．

3) 脳の形態学的・機能的変化

これまでの脳形態画像研究は，おもに AN 患者を対象とした頭部 CT や MRI を用いた研究により，脳委縮，脳室拡大像を呈することが指摘されてきた．しかし，これらの脳委縮の所見は低体重や低栄養状態，脱水などの身体状態による二次的な要因が大きいと考えられていた．その後，症状回復後の患者を対象とした研究において，回復後には正常化したことから栄養障害などの病状による可逆的な変化であるとの報告もあるが，研究例が少なく，一致した見解が得られていないのが現状である．また，認知面において注意集中力，反応時間，認知スピードが低下することが知られている[9]．脳の形態学的変化や機能的変化が認知機能低下に関連していることが報告されており，摂食障害の持続や慢性化に大きく関与していると考えられる．次節では摂食障害の認知機能を中心に概説する．

9.2 摂食障害の認知機能

a. 認知面の理解

摂食障害では，強い肥満恐怖ややせ願望，身体イメージの歪みや自己の否定的認知など，様々な認知や情動の異常が認められる．Bruch[10] は，疾患の特徴は栄養失調の重さではなく，むしろそれと結びついた身体イメージの歪曲であると述べており，身体イメージの歪みは，情動の異常とともに摂食障害の中核的な病態である．DSM-V の AN の診断基準には，「自分の体重または体型の体験の仕方における障害，自己評価に対する体重や体型の不相応な影響，または現在の低体重の深刻さに対する認識の持続的欠如」，BN の診断基準には，「自己評価が体型および体重の影響を過度に受けている」があげられている．発症危険率の高い人たちの継時的研究によっても，身体イメージの重要性が確認されている[11]．また，低い自尊心を，食行動や体重をコントロールすることで，一時的な自己効力感を得て補おうとすることが知られている．低い自尊感情が摂食を困難にする潜在的な危険因子であると指摘されている[12]．体型認識と自尊感情との関連については，Thompson ら[13] が，身体満足度の低さと自尊感情の低さが関連していると報告した．また，近年の脳機能画像検査技術の進歩に伴い，情動と関連した認知情報処

理過程の障害が病態に影響していることが報告されるようになってきた.

b. 摂食障害の脳機能画像研究

　摂食障害の病態を生理的な脳機能局在から解明しようとする研究が行われるようになってきている. とくに摂食障害の臨床像との関連から, 身体の認知や食物の認知に関連した脳の反応性を SPECT, PET, fMRI, NIRS などを用いて検討する研究が盛んに行われており, 摂食障害に特徴的な認知基盤の解明が進められている. また, 神経伝達物質について検討した研究もあり, 摂食障害の病態と 5-HT 神経系やドパミン (dopamine：DA) 神経系との関連を示唆する報告も行われている. 本節では, 摂食障害の脳機能画像研究を, 1) 身体像の認知に関連したもの, 2) 食物の認知に関連したもの, 3) 神経伝達物質に関連したものに分類し, 紹介する.

1) 身体像の認知に関連した脳機能画像研究

　身体像の認知に関する脳機能画像研究は, 身体像を変形させた写真や図を刺激として脳の反応性を fMRI で検討した研究が多い. Seeger ら[14]は, AN 患者を対象に, 自己の身体画像の変化を刺激として呈示し, 右扁桃体の活動が上昇したことを報告した. Uher ら[15]は, 摂食障害患者 (AN, BN 患者) と健常者を対象に, やせ・標準・肥満体型の女性の体型線画を視覚刺激として呈示し, 摂食障害患者・健常者とも体型線画に対し外側紡錘回・下頭頂回・外側前頭前野の活動上昇が認められた. 摂食障害患者は健常者よりも体型線画への嫌悪感が高かったが, 摂食障害患者において体型線画の嫌悪感の評価と右内側前頭前野先端部の活動上昇に相関を認めたことを報告している. Fladung ら[16]は, AN 患者はやせ画像をポジティブにとらえ, やせ画像の評価時に腹側線条体の活動が上昇していたと報告した. Spangler[17]によると, BN 患者は肥満画像に対して, 健常者と比較して前頭前野の活動が上昇していた. Sachdev ら[18]は, 自己と他者の身体画像を呈示した際に, 健常者は自己の身体画像呈示時に前中心回や頭頂葉などの活動が上昇したが, AN 患者では有意差を認めなかった. これより, AN 患者では認知, 知覚, 情動のプロセスが抑制されている可能性が指摘されている.

2) 食物の認知に関する脳機能画像研究

　食物認知に関する研究は, 食物の視覚刺激に対する脳の反応性に焦点が当てられたものが多い. fMRI を用いた研究において, Killgore ら[19]は, 健常女性を

対象に高カロリー・低カロリーの食物と対照刺激の視覚刺激を呈示し，食物刺激に対しては両側扁桃体と腹内側前頭前野が賦活され，高カロリー食物刺激では内側・背外側前頭前野，低カロリー食物刺激では内側眼窩前頭前野などの領域でそれぞれ活動上昇が認められた．前頭前野内での異なる経路の賦活は，カロリーの違いによって食物刺激への報酬性や動機づけの程度の差異を反映している可能性が示唆された．健常女性を対象に種々の食物刺激を呈示した研究では，behavioral activation scale（BAS）で評価した報酬に対する感受性が高い被験者ほど食物に対する前頭葉，線条体，扁桃体，中脳といった報酬ネットワークの活動が上昇していたことを報告した[20]．この結果より，報酬への欲求の強さという特性は食べ物刺激に対する脳内報酬系ネットワークの活動性と関連している可能性が示された．Uher ら[21]は，飲料や食物の食物視覚刺激に対して AN，BN 患者ともに内側前頭前野の活動上昇を認めたことを報告した．Frank ら[22]は，回復後の BN 患者において糖摂取後に前帯状回の活動低下を認め，BN 患者では栄養に対する報酬反応が低下している可能性が示唆された．

SPECT で脳局所血流量を検討した研究では，過食／排出型の AN 患者において，食物の視覚刺激により右前頭前野，頭頂葉の血流が増加していたという報告もある[23]．PET を用いた研究では，脳の糖代謝を検討したものがあり，Wang ら[24]は健常女性を対象に，一定期間の絶食後に被験者の好みの食物を呈示することによる脳の糖代謝の変化を測定した．中性刺激に対する糖代謝変化と比較して全脳で24％の糖代謝亢進が認められ，特に上側頭回と島前部，眼窩前頭野での変化が大きかった．右眼窩前頭野での糖代謝亢進の大きさは，被験者の空腹感・摂食欲求の強さと正の相関を示した．右眼窩前頭野が食物を求める動機づけを生じさせている可能性を示唆している．摂食障害患者を対象とした研究では，AN 患者の低体重時に，頭頂葉と上前頭皮質の糖代謝低下と尾状核と下前頭皮質の糖代謝亢進が認められている．これらは体重増加に伴い，おおむね正常化するが，頭頂部の糖代謝低下と下前頭皮質の糖代謝亢進は持続することが報告されている[25]．また，AN 患者において絶対糖代謝は低下するが，相対的な代謝能においても AN 患者，BN 患者の頭頂葉において低下することが報告されている[26]．

3) 神経伝達物質に関連した脳機能画像研究

神経伝達物質は，食欲のみならず抑うつ，不安，快／不快，意欲，報酬など，様々な情動や認知，および行動の調節にかかわっている．これまでに，5-HT や DA

受容体と摂食障害との関連を SPECT や PET を用いて検討した研究が報告されている[16]．

SPECT 研究では，Audenaert ら[27] は AN 患者と健常者を対象に安静時 $5\text{-}HT_{2A}$ 受容体結合能を測定し，AN 患者では健常者と比較して左前頭葉，両側頭頂葉，両側後頭葉での結合能低下を認めた．前頭葉での結合能低下は問題解決能力や注意の障害と，頭頂葉での結合能低下は身体イメージの障害と関連することが指摘されている．PET 研究では，回復後の過食/排出型の AN 患者は，健常者と比較して左膝下帯状回，左頭頂皮質，右後頭皮質での安静時 $5\text{-}HT_{2A}$ 受容体結合能低下を認めた．回復後の過食/排出型の AN 患者では，右内側前頭葉の $5\text{-}HT_{2A}$ 結合能と temperament and character inventory（TCI）で評価した損害回避特性の間に正の相関を認め，左頭頂皮質での $5\text{-}HT_{2A}$ 結合能と摂食障害調査表（eating disorder inventory-2：EDI-2）で評価したやせへの願望の強さは負の相関を示した[28]．さらに，回復後の摂食制限型の AN 患者，回復後の過食/排出型の AN 患者と健常者を対象に安静時 $5\text{-}HT_{1A}$ 受容体結合能を測定した研究では過食/排出型の AN 患者は健常者と比較して帯状回，側頭葉，眼窩前頭野，頭頂葉などで $5\text{-}HT_{1A}$ 結合能が上昇していた．摂食制限型の AN 患者では $5\text{-}HT_{1A}$ 結合能と損害回避特性の間に正の相関を認め，摂食制限型の AN 患者の不安症状と $5\text{-}HT_{1A}$ 結合能が関連していることも示唆された[29]．この結果より，回復後にも 5-HT 系の神経伝達異常が存在することから，これらの変化が病前から存在し，発症素因と関連しているのではないかと推定されている．回復後の BN 患者の $5\text{-}HT_{2A}$ 受容体結合能を測定した研究では，回復後も内側眼窩前頭野の $5\text{-}HT_{2A}$ 結合能が有意に低下しており，この変化が BN の発症素因と関連している可能性も報告されている[30]．

DA は，意思決定や報酬評価に重要な役割を果たす線条体を含む神経回路の主要な神経伝達物質である．DA 系に関する研究では，Frank ら[31] は回復後の AN 患者と健常者を対象に，PET を用いて D2/D3 受容体結合能を測定した．AN 患者では健常者と比較して前腹側線条体における D2/D3 受容体結合能が高かった．また，AN 患者において背側尾状核・被殻の D2/D3 受容体結合能の高さと損害回避傾向特性は正の相関を示した．この結果から AN 患者の禁欲的な食行動や気質と報酬や強化，嗜癖に関与するこれらの脳部位での変化との関連性が指摘された．以上の結果より，摂食障害の病態に 5-HT や DA が重要な役割を果たし

ていると推測されている.

9.3 摂食障害の身体イメージ認知

a. 身体イメージへの脳の反応性

摂食障害患者は，身体イメージの認知の歪みを有しており，身体イメージに関連した情報の認知プロセスが健常者とは異なるために情動の異常を生じる可能性が予測されている．また，摂食障害の発症には性差があり，脳の反応性の男女差が発症にかかわっている可能性も考えられている．さらに，摂食障害は病型により異なる臨床症状も認めており，それぞれに特徴的な脳機能異常が存在する可能性も考えられる．しかし，病型別の脳活動の比較研究はいくつか存在するものの研究例が少なく，一致した見解が得られていないのが現状である．本節では筆者らが行っている身体イメージ刺激に関する fMRI 研究について紹介する.

b. 身体イメージに関連した不快な単語の認知に関する脳局在

摂食障害患者は自己の体型にとらわれており,「でぶ」「太る」などの身体イメージに関する不快な言葉に非常に敏感である．すなわち，摂食障害患者においては身体イメージに関する不快な言葉はネガティブな情動を引き起こす可能性が考えられる．本研究では，身体イメージに関連した不快な単語の認知にかかわる脳領域について，身体イメージ単語課題を用いて fMRI で検討した.

身体イメージ単語課題では，身体イメージに関連した不快な単語を3語(例:「ぜ

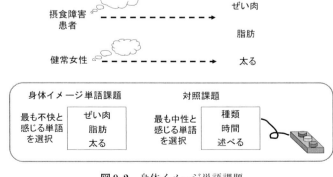

図9.2 身体イメージ単語課題

い肉」「脂肪」「太る」など）の 1 セットを呈示し，最も不快と感じる単語を選択する．一方で，対照課題では，情動的に中性な単語 3 語（例：「種類」「時間」「述べる」など）の 1 セットを呈示し，最も中性と感じる単語を選択する（図 9.2）．これらの課題を 30 秒ごとに交互に 3 回ずつ繰り返すブロックデザインで行い，課題遂行中の脳活動を fMRI にて測定した．測定された画像は，各被験者群で身体イメージ単語課題遂行中に対照課題遂行中と比較して有意に活動が上昇した領域を同定する．はじめに，健常男女の比較を行い，次に病型別の比較を含めた摂食障害患者での検討を行った．

1) 健常男女での比較

右利きの健常男性 13 例，健常女性 13 例を対象とした．男性では，左内側前頭前野，左紡錘回，左上側頭回，左海馬などで活動の上昇を認めた．女性では，扁桃体を含む左海馬傍回，左視床，右尾状核にて活動の上昇を認めた．男性では女性と比較して左前頭前野先端部の活動が高く，また女性では EDI-2 で評価した摂食障害に関連した特徴の強い被験者ほど左前頭前野先端部の活動が低下していた[32]．この結果より，男性と女性では身体イメージに関連した不快な単語の認知に異なる脳部位が関与しており，身体イメージに対する神経的認知スタイルの差異が摂食障害発症の性差に関与している可能性が示唆された．

2) 摂食障害患者の脳活動

摂食制限型の AN 患者，過食/排出型の AN 患者，BN 患者各 12 例を対象とした．また，対照群は年齢・性別・利き手をマッチングさせた健常女性 12 例である．課題遂行中に，対照課題遂行中と比較して活動の上昇を認めた脳部位は，摂食制限型の AN 患者では扁桃体，過食/排出型の AN 患者では扁桃体，左内側前頭前野，BN 患者では左内側前頭前野，健常女性では扁桃体を含む左海馬傍回であった（図 9.3）．病型別の比較においては，強いやせ願望や肥満恐怖を有する摂食制限型の AN 患者と過食/排出型の AN 患者では，右扁桃体の活動が BN 患者や健常女性に比較して有意に上昇していた．また，摂食制限型の AN 患者と過食/排出型の AN 患者では，EDI-2 で評価したやせ願望が強い被験者ほど右扁桃体の活動が上昇していた．過食症状を有する過食/排出型の AN 患者と BN 患者では，左内側前頭前野の活動が健常女性に比較して有意に上昇していた．また，過食/排出型の AN 患者と BN 患者では，EDI-2 で評価した過食症状や身体不満，無力感が強い被験者ほど，左内側前頭前野の活動が上昇していた[33]．

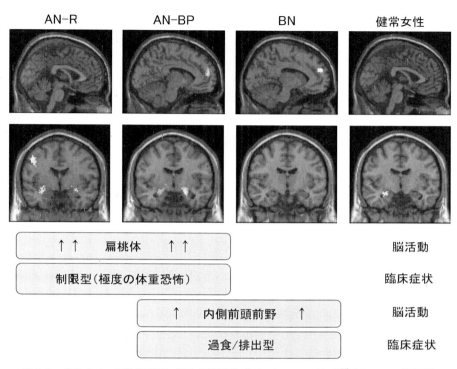

図 9.3 身体イメージ単語刺激に対する脳活動（Miyake et al., 2010)[33]［カラー口絵参照］

　この結果より，摂食障害の病型・臨床症状と扁桃体，内側前頭前野における反応性が関連しているのではないかと推測される．強い肥満恐怖を有する AN 患者において扁桃体の活動上昇を認めたが，これまでの先行研究より扁桃体の活動は恐怖の条件づけ，恐怖の表情の認知，脅威となる刺激の検出などと関連しており，AN 患者における体重や不快な身体イメージに対する恐怖と関連している可能性が示唆された．一方，過食症状を有する過食/排出型の AN 患者と BN 患者において内側前頭前野の活動を認めたが，内側前頭前野は先行研究から高次の情報処理をしており，自己に関連づけた処理，価値判断や情動を伴う主観的判断などの役割をもつことが知られている．内側前頭前野の活動は，不快な身体イメージ対する自己に関連づけた認知的処理や過食/排出行動などの食行動異常と関連している可能性が示唆された．

c. 身体イメージの変化の認知に関する脳局在

摂食障害患者は，自己の身体イメージの変化に対して非常に敏感であり，不快な変化によりネガティブな情動が引き起こされる可能性が考えられる．また，健常女性においても，やせ礼賛の社会的風潮から，自己の身体イメージの変化に男性と比較して敏感であり，脳の反応性に男女差が生じることが予測される．本研究では，身体イメージの変化の認知にかかわる脳領域について，変形身体イメージ課題を用いて検討した．

変形身体イメージ課題は，被験者自身の服装・姿勢（立位）を統一して撮像した全身デジタル画像を取り込み，横軸方向へ＋25％まで5％ごとに拡大して加工した肥満体型画像を作成し，被験者自身の写真（真の身体イメージ）と左右1セットで呈示した（図9.4）．肥満課題では肥満体型画像と自己画像を比較して，どちらが不快かを選択する．一方で，対照課題は自己画像を左右1セットで呈示し，＋印が表示されている画像を選択する．各課題遂行中の脳活動をfMRIにて測定した．測定された画像は，各被験者群で変形身体イメージ課題遂行中に対照課題遂行中と比較して有意に活動が上昇した領域を同定する．はじめに，健常男女の比較を行い，次に病型別の比較を含めた摂食障害患者での検討を行った．

1) 健常男女の脳活動

右利きの健常男性11例，健常女性11例を対象とした．男女の2群間で，BMI

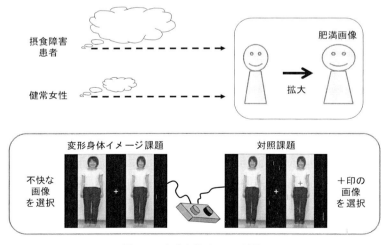

図9.4 変形身体イメージ課題

(body mass index), EDI-2の得点に有意差はなかった．行動指標として，女性は肥満イメージをより不快と選択する傾向が認められた．脳活動に関して，対照課題遂行中と比較して，男性では肥満課題遂行中に，一次・二次視覚野を含む後頭葉，頭頂葉，側頭葉の一部の活動を認めた．女性では，肥満課題遂行中に，両側前頭前野や左扁桃体の活動が上昇した．この結果より，女性は身体イメージ刺激に対し，情動的な認知処理を行っている可能性が示唆された[34]．

2) 摂食障害患者の脳活動

摂食制限型のAN患者，過食/排出型のAN患者，BN患者各11例を対象とした．また，対照群は年齢・性別・利き手をマッチングさせた健常女性11例である．脳活動に関して，摂食制限型のAN患者では対照課題遂行中と比較して肥満課題遂行中に，右扁桃体，過食/排出型のAN患者では右扁桃体および両側前頭前野，BN患者では右後頭葉や右頭頂葉領域，健常女性では右扁桃体および両側前頭前野であった（図9.5）．病型別の比較においては，右扁桃体の活動がBN患者で有意に低下していた[35]．この結果より，摂食制限型のAN患者は，身体イメージ

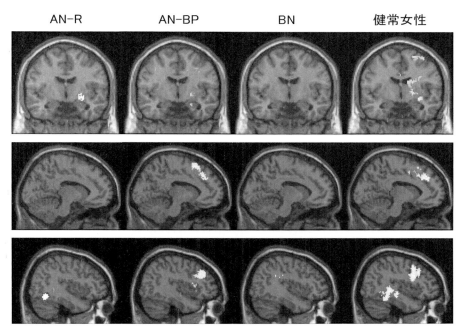

図9.5 身体イメージの変化に対する脳活動（Miyake et al., 2010）[35]［カラー口絵参照］

の変化の認知に扁桃体の活動が認められたことより，自己の身体イメージの変化を恐怖の情報として処理している可能性が示唆された．過食/排出型の AN 患者は，扁桃体や前頭前野の活動が認められたことより，自己の身体イメージの変化に対し，恐怖や自己についての注意を喚起され，情動制御するなど複雑な情緒的な認知処理を行っている可能性が示唆された．一方，BN 患者は一次，二次視覚野，および頭頂葉の視覚経路の活動が認められたことより，この刺激の処理に際し，サイズの違いに注目して空間視を行っている可能性が示唆された．

　以上の結果より，摂食障害の病型・臨床症状と扁桃体における脳の反応性が関連している可能性が推測された．扁桃体は恐怖の条件づけや恐怖の表情の認知，脅威刺激の検出に関連しており，AN 患者における扁桃体の活動は，不快な身体イメージを恐怖として認識し，ネガティブな情動体験が引き起こされている可能性が示唆された．

9.4　摂食障害の治療

　摂食障害患者は病態の否認や治療への抵抗が強いために，治療導入や継続が困難な例が多い．初期治療で，治療への動機づけをはかることが大切である．そのため，摂食障害の治療では，まず患者に病気の正しい知識と理解を得させ，精神療法的アプローチで動機づけの強化と維持を図る．その後，行動療法や認知行動療法（cognitive behavioral therapy：CBT）により摂食行動と体重の正常化，不合理な認知と身体イメージの障害の修正，情動の異常を改善していく．本章では，摂食障害に対する治療として，認知行動療法や薬物療法について紹介する．

a.　認知行動療法

　摂食障害では特有の認知障害や食行動の症状が認められており，認知面に働きかけるアプローチが有効であると考えられる．これまでに，多くの心理療法や家族療法などの治療研究が行われてきたが，Fairburn らの認知行動療法（1988）は，ランダム化比較試験で唯一，BN に対する有効性が確認されている治療法である．AN に対しては，有効であるという報告は認められるものの，比較対照試験での有効性は確認されていない．近年，Fairburn[36] らが従来の CBT を改良し，摂食障害の認知は AN，BN などにかかわらず共通しているという理論のもとに，AN にも応用できる CBT-E（enhanced）を開発した．認知行動理論に基づくと，摂

9.4 摂食障害の治療

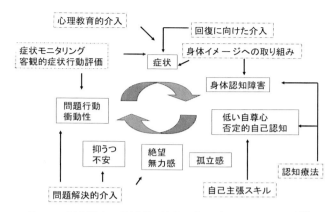

図 9.6 摂食障害の悪循環に対する介入（岡本ほか，2010）[39]

食障害は体重や体型，食事のコントロールに自己評価が大きく影響されることが中核的な精神病理であると考えられている．摂食障害に対する CBT は，症状の維持にかかわる歪んだ考え方や認知（肥満恐怖ややせていなければ自分に価値がないという思い込み），食行動の問題（食事制限や過食），生理的機能（腹部膨満感や消化器症状）の相互作用を分析し，よりよい方向に変化を促す心理療法である[37,38]．

また，摂食障害では，図 9.6 のような悪循環が形成されやすい[39]．食行動異常などの摂食障害症状とともに，身体認知障害が形成され，否定的認知が増悪，自己評価の低下が顕著となる．孤立感，無力感，絶望感を感じるとともに抑うつ，不安などの情動の異常を生じる．悪循環が形成されると症状はより強固となり，問題が複雑化・慢性化する．そのため，それぞれに応じた介入が必要である．食行動などの摂食障害症状に対しては心理教育的介入をし，モニタリングを用いて症状を客観的に評価する．身体イメージ障害に対する取組みを行い，身体認知や自己認知に焦点をあてた認知行動療法，自己主張スキルの獲得，問題解決技法を用いた解決志向的介入，回復に向けた介入を行う．筆者らは，それらを組み合わせた統合的グループ療法を行っている．構造は週1回，60分，クローズドグループで行っており，メンバーは 7〜8 人，スタッフは精神科医2名である．グループ療法のテキストの概要を表 9.2 に示す．これまでに CBT を取り入れた短期グループ療法を行い，個人療法群と比較した結果，短期グループ療法と個人療法は同様に自己記入式評価尺度での摂食態度，抑うつ，ストレス対処行動の改善が認

表9.2 グループ療法のテキストの概要

Lesson 1：心理教育的内容
　　　　　摂食障害に陥っているリスクについて理解する．治療の動機づけを高める介入．
Lesson 2：食事のモニタリング
　　　　　食事記録，食物に対する恐怖感について取組み．過食に陥る状況の分析検討．
Lesson 3：身体イメージについて
　　　　　身体イメージ，ボディチェック行動の評価．自己イメージへの介入．
Lesson 4：自己の症状評価
　　　　　1日，1週間の症状を評価し，客観性をつける．短期目標を設定し，動機づけを図る．
Lesson 5：問題解決について
　　　　　直面している問題は何か検討する．
　　　　　問題解決技法を用いて検討し，問題対処能力の向上をめざす．
Lesson 6：自己主張について
　　　　　主張しにくい場面を想定する．ロールプレイを用いて自己主張スキルを身につける．
Lesson 7：認知の歪みについて
　　　　　思考記録表を用いて認知の歪みに気づき，修正を図る．
　　　　　食事や体重の認知に加えて，対人関係の認知も検討する．
Lesson 8：回復イメージについて
　　　　　回復後の自分をイメージする．回復を妨げている要因を検討する．

められた．また，自己認知とも関連した重要な要素である自尊感情の高まりも認めており，情動の改善にも有効である[40]．グループによるCBTは，具体的な対人関係場面を提供するといった点からも効果が期待されている．

b. 薬物療法

摂食障害に対する薬物療法は，現時点では補助的なものであるが，情動の異常に対して有効である場合も多い．AN患者に対して，摂食行動を正常化して体重を回復させる薬物は実証されていない．BN患者に対して，選択的セロトニン再取り込み阻害薬（selective serotonin reuptake inhibitor：SSRI）であるフルオキセチン（fluoxetine）は，抑うつ症状の有無にかかわらず過食と嘔吐の減少と，摂食行動異常の改善に有効であると注目されている[41]．しかし，薬物の効果は短期間の臨床試験での報告が多く，薬物単独での治癒は困難である．BNの治療において，薬物単独より，CBTを併用した場合に最も効果があがることが報告されている[42]．これらのことから，薬物は他の治療法の効果を高めることにより，回復への有効な補助療法と考えられる．

おわりに

　摂食障害は，情動との関連が複雑な疾患であり，患者数が増加しているにもかかわらず，病態解明や有効な治療法が確立されていないのが現状である．生物学的研究において遺伝子研究などの多くの研究がなされているが，脳画像研究は，近年注目されている研究方法のひとつである．これまでの研究から，情動や認知に関わる領域での形態学的，機能的異常が報告されており，摂食障害の症状形成と関連していると考えられている．今後，摂食障害の脳画像研究の進展により，身体イメージの障害や情動の異常に関連した摂食障害の病態メカニズムの解明がさらに進み，いずれは摂食障害の有効な治療法の開発や発症予防の実現へつながるよう発展することを期待している．

[三宅典恵・山下英尚]

文　献

1) Weissman MM, Olfson M : Depression in women : implications for health care research. *Science* **269** : 799-801, 1995.
2) American Psychiatric Association : Diagnostic and Statistical Manual of Mental Disorders, Fifth Edition, Arlington, VA, APA, Washington DC, 2013.
3) 切池信夫：摂食障害，医学書院，2009.
4) Swinbourne JM, Touyz SW : The co-morbidity of eating disorders and anxiety disorders : a review. *Eur Eat Disord Rev* **15** : 253-274, 2007.
5) 小牧　元：摂食障害の生物学的理解．精神科治療学 **27** : 1321-1329, 2012.
6) Bruce KR et al : Association of the promoter polymorphism-1438G/A of the 5-HT2A receptor gene with behavioral impulsiveness and serotonin function in women with bulimia nervosa. *Am J Med Genet B Neuropsychiatr Genet* **37B** : 40-44, 2005.
7) Lopaschuk GD et al : Targeting intermediary metabolism in the hypothalamus as a mechanism to regulate appetite. *Pharmacol Rev* **62** : 237-264, 2010.
8) 粟生修司：摂食中枢について．医学のあゆみ **241** : 633-639, 2012.
9) Katzman DK et al : Starving the brain : Structural abnormalities and cognitive impairment in adolescents with anorexia nervosa. *Semin Clin Neuropsychiatry* **6** : 146-152, 2001.
10) Bruch H : Perceptual and conceptual disturbances in anorexia nervosa. *Psychosom Med* **24** : 187-194, 1962.
11) Killen JD et al : Pursuit of thinness and onset of eating disorder symptoms in a community sample of adolescent girls : A three-year prospective analysis. *Int J Eat Disord* **13** : 227-238, 1994.
12) Sands R et al : Disordered eating patterns, body image, self-esteem and physical activity in preadolescent school children. *Int J Eat Disord* **21** : 159-166, 1997.
13) Thompson J, Thompson C : Body size distortion and self-esteem in asymptomatic,

normal weight males and females. *Int J Eat Disord* **5** : 1061-1068, 1986.
14) Seeger G et al : Body image distortion reveals amygdala activation in patients with anorexia nervosa : a functional magnetic resonance imaging study. *Neurosci Lett* **326** : 25-28, 2002.
15) Uher R et al : Functional neuroanatomy of body shape perception in healthy and eating-disordered women. *Biol Psychiatry* **58** : 990-997, 2005.
16) Frank GK, Kaye WH : Positron emission tomography studies in eating disorders : multireceptor brain imaging, correlates with behavior and implications for pharmacotherapy. *Nucl Med Biol* **32** : 755-761, 2005.
17) Spangler DL, Allen MD : An fMRI investigation of emotional processing of body shape in bulimia nervosa. *Int J Eat Disord* **45** : 17-25, 2012.
18) Sachdev P et al : Brains of anorexia nervosa patients process self-images differently from non-self images : an fMRI study. *Neuropsychologia* **46** : 2161-2168, 2008.
19) Killgore WD et al : Cortical and limbic activation during viewing of high- versus low-calorie foods. *Neuroimage* **19** : 1381-1394, 2003.
20) Beaver JD et al : Individual differences in reward drive predict neural responses to images of food. *J Neurosci* **26** : 5160-5166, 2006.
21) Uher R et al : Medial prefrontal cortex activity associated with symptom provocation in eating disorders. *Am J Psychiatry* **161** : 1238-1246, 2004.
22) Frank GK et al : Altered brain activity in women recovered from bulimic-type eating disorders after a glucose challenge : a pilot study. *Int J Eat Disord* **39** : 76-79, 2006.
23) Naruo T et al : Characteristic regional cerebral blood flow patterns in anorexia nervosa patients with binge/purge behavior. *Am J Psychiatry* **157** : 1520-1522, 2000.
24) Wang GJ et al : Exposure to appetitive food stimuli markedly activates the human brain. *Neuroimage* **21** : 1790-1797, 2004.
25) Delvenne V et al : Brain glucose metabolism in anorexia nervosa and affective disorders : Influence of weight loss or depressive symptomatology. *Psychiatry Res* **74** : 83-92, 1997.
26) Delvenne V et al : Brain glucose metabolism in eating disorders assessed by positron emission tomography. *Int J Eat Disord* **25** : 29-37, 1999.
27) Audenaert K et al : Decreased 5-HT2a receptor binding in patients with anorexia nervosa. *J Nucl Med* **44** : 163-169, 2003.
28) Bailer UF et al : Altered 5-HT2A receptor binding after recovery from bulimia-type anorexia nervosa : relationships to harm avoidance and drive for thinness. *Neuropsychopharmacology* **29** : 1143-1155, 2004.
29) Bailer UF et al : Altered brain serotonin 5-HT1A receptor binding after recovery from anorexia nervosa measured by positron emission tomography and [carbonyl11C] WAY-100635. *Arch Gen Psychiatry* **62** : 1032-1041, 2005.
30) Kaye WH et al : Altered serotonin 2A receptor activity in women who have recovered from bulimia nervosa. *Am J Psychiatry* **158** : 1152-1155, 2001.
31) Frank GK et al : Increased dopamine D2/D3 receptor binding after recovery from anorexia nervosa measured by positron emission tomography and [11c] raclopride. *Biol Psychiatry* **58** : 908-912, 2005.
32) Shirao N et al : Gender differences in brain activity generated by unpleasant word

stimuli concerning body image : an fMRI study. *Br J Psychiatry* **186**：48-53, 2005.
33) Miyake Y et al：Neural processing of negative word stimuli concerning body image in patients with eating disorders：An fMRI study. *Neuroimage* **50**：1333-1339, 2010.
34) Kurosaki M et al：Distorted images of one's own body activates the prefrontal cortex and limbic/paralimbic system in young women：a functional magnetic resonance imaging study. *Biol Psychiatry* **59**：380-386, 2006.
35) Miyake Y et al：Brain activation during the perception of distorted body images in eating disorders. *Psychiatry Res* **181**：183-192, 2010.
36) Fairburn CG et al：Transdiagnostic cognitive-behavioral therapy for patients with eating disorders：a two-site trial with 60-week follow-up. *Am J Psychiatry* **166**：311-319, 2009.
37) 中里道子：外来での認知行動療法．臨床精神医学 **42**：627-633, 2013.
38) Fairburn CG（切池信夫監訳）：摂食障害の認知行動療法，医学書院, 2010.
39) 岡本百合ほか：摂食障害における認知面の理解とアプローチ．精神神経学雑誌 **112**：741-749, 2010.
40) 岡本百合ほか：摂食障害患者における感情状態とストレス対処行動，治療的介入との関係について．心身医学 **40**：333-338, 2000.
41) 切池信夫：摂食障害．精神医学 **48**：356-369, 2006.
42) Bacaltchul J et al：Combination to antidepressants and psychological treatment for bulimia nervosa：A systematic review. *Acta Psychiatr Scand* **101**：256-264, 2000.

10 強迫性障害

10.1 OCD概念の変遷と情動

　強迫性障害（obsessive-compulsive disorder，以下OCD）は，特定のことがらに対して繰り返し生じる思考（強迫観念）と，それを打ち消すための繰り返しの行動（強迫行為）によって成立している．強迫観念や強迫行為は長時間を浪費し，通常強い不安や苦痛を伴い，日常生活に強い悪影響を生じさせる．患者は自身の思考や行動が不合理的で過剰であることを自覚しているが症状に抗うのには困難が強く，症状は長期維持されやすい．また発症も思春期青年期にピークがあり，長期間にわたり患者や家族の人生に影響を与えることになる．

　19世紀末から20世紀初頭にかけて，無意識の概念から精神分析による治療体系を作り上げたフロイトは強迫症状を呈した患者の詳細な症例報告を行い，精神分析的な立場からの治療を試みた．当時の本疾患は強迫神経症と呼称され，神経症概念の中核を占める存在であった．その一方，1930年代にはインフルエンザ脳炎後の患者や局所脳損傷患者，パーキンソン病・トゥレット障害においても強迫症状が併発するという臨床的な知見が集積されるようになり，中枢神経系の器質因と強迫症状との関連が考えられるようになった．

　DSM-III以降強迫神経症はOCDと呼称を変え，不安障害のカテゴリーに収載されることとなった．時代は流れDSM-5が刊行された2013年，OCDは新設された強迫症および関連症群（obsessive-compulsive related disorders）へと移行した[1]．ここでは，醜形恐怖症，新設のためこみ症，抜毛症などとの同一カテゴリー化がなされている（表10.1）．この変更には，この20年間に行われた脳画像研究が大きく関与している．そこでは，OCDにおける扁桃体や海馬といった情動を司る脳部位の異常とともに，前頭眼窩面（oibito-frontal cortex：OFC）－視床－尾状核における神経ネットワークの過剰活性が生じていることが示されて

表10.1 不安障害における慣用診断・DSM-IV・DSM-5 の対比

従来の慣用診断	DSM-IV	DSM-5
〈神経症〉	〈不安障害〉	〈不安症群〉
恐怖症	広場恐怖	広場恐怖症
	社会恐怖（社会不安障害）	社交不安症
	特定の恐怖症	限局性恐怖症
不安神経症	広場恐怖を伴う/伴わないパニック障害	パニック症
	全般性不安障害	全般不安症
強迫神経症	強迫性障害	〈強迫症および関連症群〉
		強迫症
		醜形恐怖症
		ためこみ症
外傷神経症	外傷後ストレス障害	〈心的外傷およびストレス因関連症群〉
		心的外傷後ストレス障害
ヒステリー神経症	〈解離性障害〉	〈解離症群〉
	〈身体表現性障害〉	〈身体症状症および関連症群〉
	身体化障害	身体症状症
心気神経症	心気症/身体醜形障害	病気不安症

おり，生物学的にも OCD と他の不安障害とを区別する証左となっている．また，神経心理学的な探索によって示された OCD における種々の認知機能障害もその特異性を支持するものであった．

加えて，1990年代には，強迫スペクトラム障害（obsessive-compulsive spectrum disorder：OCSD）という概念が提唱された．これは OCD を中心に，摂食障害やトゥレット障害など OCD に類似した強迫的な行動様式が病態の中心にあると考えられる疾患群を一つのカテゴリーとして捉えたもので，この概念の病理の中心をなすのは不安よりも，強迫性と衝動性である．

このような歴史をふり返ると，神経症性の不安を中核として形作られた OCD は，不安，強迫，衝動，認知といった多岐の領域にわたり独自の特色をもつ疾患としての位置づけに変化してきていることがわかる．本章ではこれら情動および認知における OCD の特徴について記述する．

10.2 強迫と不安

　不安に関する初期の脳研究では，1930年代にPapezらによって情動回路を解明する試みがなされた．その結果，帯状回，視床，海馬，扁桃体といった脳辺縁系が反響回路を形成することによって情動の処理が行われていることがしだいに明らかにされていった．これらの部位は近年の生物学的研究によってもパニック障害やPTSDといった不安障害と深く関連することが示されている．

　OCDの脳病態は，後述する薬物療法や行動療法の効果に関する研究がその特異性を明らかにし，さらに近年のPET, SPECT, fMRIといった機能的画像検査法の発展とともに生物学的研究が大きく進み，前頭葉と皮質下領域，とくにOFC，前帯状回（anterior cingulate cortex：ACC），尾状核，視床といった特異的部位が強迫症状に関与する可能性が指摘されている．機能画像研究の知見によれば，これらの領域はOCDにおいておおむね過活動を示し，さらに症状の改善に伴って可逆的に収束することが示唆されている．

　安静時の脳に関して，SPECTでは正常群との比較で，内側前頭葉の血流亢進，右OFC・左ACCでの血流低下などが報告され，PETでは正常群やうつ病患者群との比較で，OFC・尾状核での糖代謝の増加，前頭前野・ACCでの糖代謝の増加が報告された．さらに，強迫症状を誘発する心理課題を用いた撮像によって，症状出現時の脳の状態を観察する試みも行われている．SPECTやPETの撮像時に強迫誘発刺激への曝露を行い，OFCや尾状核，海馬といった領域の血流増加ないし代謝亢進，および不安との相関を示した研究がある．これらの研究は，OCDにおけるOFC・ACC・尾状核といった領域の過活性は特性としての異常であると同時に，強迫症状や随伴する不安によって状態依存的に増強することを示唆しており興味深い．fMRIにおいても，強迫観念を誘発するような物品や映像（不潔なタオルや暴力的場面の写真など）を呈示する課題によって，OFC・ACC・島皮質などにおける機能亢進を報告したものがある．筆者らもfMRIを用いた研究によって強迫観念を惹起するような語の連想時にOFCの活動が亢進することを確認しており[2]，強迫症状の生起にこれらの部位が関与することが示唆されている．

　これらの先行研究をもとにOCDの病態に関与する脳部位をみていくと，まず前頭葉領域におけるOFCは社会的に適切な行動をとるための行動調節に重要な

役割を担っていると考えられている．一方，基底核のなかでも尾状核は辺縁系や前頭葉からの入力を受けるゲート機能をもち，OCD 患者ではその機能が障害されることによって強迫的な行動が生じることが推測されている．視床は，知覚刺激の入力を受け，それらの刺激を思考，情動といった情報の内容ごとに皮質や線条体，視床下部へと振り分けるフィルター機能を有しており，強迫症状と随伴する情動反応の調節に関与する可能性が指摘されている．辺縁系回路の中では ACC の行動調節機能に注目が集まっている．OCD でみられる強迫症状の対象への注意の過度な偏りは，注意を適切に分散させ葛藤状況の処理にあたる ACC の機能に障害があることに由来する可能性が指摘されている．辺縁系に関しては島皮質の OCD への関与も示唆されている．これは，恐怖や不安が扁桃体を中心とした回路で伝達されるのに対し，OCD の病理の中心となる情動は嫌悪であることと関係するかもしれない．

このように，前頭葉や皮質下のいくつかの領域が，OCD の病態と関連することが考えられている．これらの各部位の神経連絡回路を考慮して提案されたのが，前頭葉－皮質下神経ネットワーク異常仮説[3]である．それによると，基底核領域において抑制系制御を行う間接的回路の働きが減弱し，結果視床と OFC における相互促進作用が生じ，OFC から腹内側尾状核への促進作用も増強するという（図 10.1）．この仮説は前述した前頭葉，皮質下の各領域における相互の調節不均衡から脳内の反響ループ（OCD-loop）が生じ，強迫症状の形成と維持，増悪につながる神経ネットワークが形成されることを推定している．これは海馬

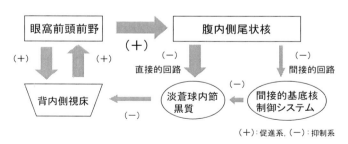

図 10.1 OCD の前頭葉－皮質下神経ネットワーク（OCD-loop）仮説 (Saxena et al., 1998)[3]
基底核領域において抑制系制御を行う間接的回路の働きが減弱し，直接回路と間接回路の不均衡から前頭眼窩面と視床の相互亢進が引き起こされ，脳内反響ループ現象が起こる．

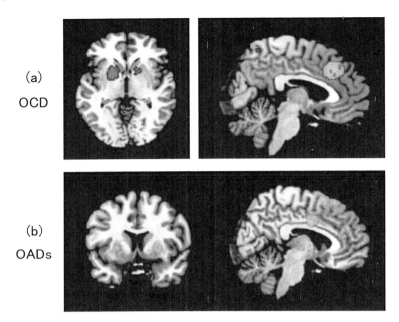

図 10.2 メタ解析による OCD 患者と不安障害患者の灰白質体積比較（(a) Radua et al., 2009；(b) Radua et al., 2010）[6,7]［カラー口絵参照］
メタ解析の結果，OCD 患者（a）は，健常対照に比して，両側レンズ核の体積増加（赤色）と両側背内側前頭前野および前帯状回の体積減少（青色）を認めるのに対し，不安障害患者（OADs）（b）は左レンズ核の体積減少（青色）を認めた．

や扁桃体など情動に関連する部位の異常を主体とした他の不安障害とは異なる，OCD 特有の神経回路仮説である．

OCD の脳機能的障害仮説に関連して，近年では VBM（voxel based morphometry）法による構造異常の探索が行われている．これは MRI 画像の解剖学的標準化に基づきボクセルごとの体積比較を全脳にわたって行う解析法で，客観的・全脳的に局所構造を詳細に検討することが可能である．Pujol ら[4]は，72 名の OCD 患者と同数の健常者の MRI 画像をこの VBM 解析を用いて比較し，OCD 患者における内側前頭回，内側 OFC，左島皮質－弁蓋部における灰白質体積の減少と，両側被殻の腹側部や小脳前部の灰白質体積の増加を見出した．筆者ら[5]も OCD 患者における両側の内側前頭前野・右運動前野・右 OFC・右背外側前頭前野・両側側頭後頭葉の灰白質体積減少を見出している．VBM による研究

でも OCD における OFC や基底核領域の構造異常を示した報告が多く，それら
の研究を用いたメタ画像解析[6,7]の結果によれば，OCD ではレンズ核（被殻およ
び淡蒼球）の灰白質体積が健常に比して増加していた．一方，同じメタ解析[7]に
おいてパニック障害や PTSD では同部位の体積が減少することを示されており
（図 10.2），OCD と他の不安障害の生物学的差異が浮き彫りになっている．

10.3 強迫と衝動：強迫スペクトラム障害

OCD には不安障害とは別の，OCSD の中核疾患としてのもう一つの顔がある．
これは Hollander ら[8]が提唱した比較的新しい概念であり，OCD を中心に，摂
食障害や病的賭博，トゥレット障害などの強迫的な行動様式が病態の中心にあ
ると考えられる疾患群を一つのカテゴリーとして捉えるものである（図 10.3）．
DSM-5 のワーキンググループでは OCD およびその関連障害についてどのよう
な枠組みを構築するか継続的な議論がなされたと聞く．最終的には採用されな
かったが，2010 年時点では「不安と強迫スペクトラム障害」という大きなカテ
ゴリーに統合される案も示されていたという．OCSD に属する一連の疾患群は強
迫性という特徴とともに対象となる行動への衝動性の強さを有しており，前頭葉
や基底核になんらかの共通する脳機能異常を有しているのではないかと考えられ
ている．

OCSD に含まれる精神神経疾患は，いずれもその主症状に反復性の要素をもっ
ており，衝動制御障害（病的賭博，性衝動，抜毛癖など）が主体の疾患群，神経
疾患群（自閉症性障害，トゥレット障害，ハンチントン舞踏病など），身体感覚
や容姿への捉われが主体の疾患群（身体醜形障害，心気症，摂食障害など），が
含まれる．OCSD の反復性の基盤には強迫性と衝動性があり，両者を両極とする
ベクトル上に各々の疾患が存在するという．OCD が強迫性の突端にあり，つい
で心気症，身体醜形障害などの身体への捉われを主とする疾患が存在し，病的賭
博や性衝動などの衝動制御障害は衝動性の強い位置におかれている．さらに，そ
れぞれの極は生物学的にも対照的な側面を有しており，強迫性が強ければ，危機
回避傾向の強まりとともにセロトニン感受性の亢進，前頭葉過活性がみられる．
それに対して衝動性の強さは危機探求傾向，セロトニン不活性，前頭葉不活性と
相関するという．

OCSD の疾患群は，発症年齢や家族歴，臨床経過についても類似性があり，互

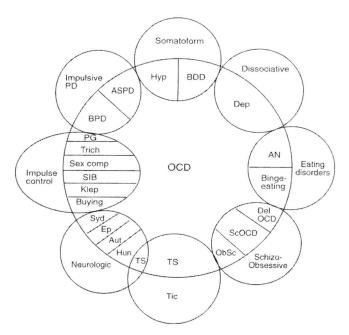

図10.3 OCSDを構成する精神神経疾患 (Hollander and Wong, 1995)[8]
AN：摂食障害, ASPD：反社会性人格障害, Aut：自閉症, BDD：身体醜形障害, BPD：境界性人格障害, DelOCD：妄想型OCD, Dep：離人障害, Ep：てんかん, Hun：ハンチントン舞踏病, Hyp：心気症, Klep：窃盗癖, ObSc：強迫型統合失調症, PD：人格障害, PG：病的賭博, ScOCD：統合失調症型OCD, Sex comp：性衝動, SIB：自傷行動, Syd：シデナム舞踏病, Trich：抜毛癖, TS：トゥレット障害.

いに併存する割合も高いといわれる．さらにOCSDでは，OFC−視床−尾状核を結ぶ神経回路にOCDと共通する異常を有するという仮説が立てられている．とくにチック障害，トゥレット障害については，OCDとの強い関連性が示唆されており，Blochら（2005）は児童期の尾状核体積が小さいほど青年期以降高い強迫スコア・チックスコアを示したと報告している．臨床的には，OCDの治療において非定型抗精神病薬をSSRIに追加投与することによって抗強迫効果が増強することが複数のRCT研究によって証明されており，Blochら[9]が行ったメタ解析の結果によれば，とくにチック障害を合併するOCD患者ではこのような

増強療法が有効であったという．これらのことから，OCDには衝動性を中心とした病態を示す一群が存在し，基底核領域におけるドパミン神経系の強い関与が示唆されている．

さらに，OCSDにおいては報酬系の関与も示唆されている．典型的には，病的賭博において依存や嗜癖の形成に報酬への過剰な期待が重要な役割を果たすとされる．Cavediniら（2002）は報酬系の評価によく用いられるアイオワ・ギャンブリング課題を用い，病的賭博者が知能や遂行機能には健常者と差がないにもかかわらず，ハイリスク・ハイリターンのデッキに固執し続けたことを示した．Kodairaら（2012）も同じ課題をOCD患者に実施し成績の低下を見出している．fMRIと報酬課題を用いた研究ではOFCおよび腹内側前頭前野の賦活低下が示されており，OCSDにおける報酬系の障害が示唆されている．

10.4　強迫と認知

OCDは不安のみならず強迫性，衝動性によっても特徴づけられることを示してきた．その基盤には情動の働きとともに認知機能障害の存在が考えられている．血液恐怖に伴うOCD患者は，赤いものを見てそれが血かそうではないかの確認に多大なエネルギーを費やし，過失不安をもつ確認強迫の患者は，火事や泥棒に入られる心配を減らすべく外出の際コンセントやガス栓を執拗に確認するが不安はとれず，最終的には自分が正しく確認したかどうかの記憶が曖昧になる．このような状況は多くのOCDの患者で見受けられ，注意や空間認知，あるいは記憶といった認知機能になんらかの障害があるのではないかということが推測されている．

これまでの研究から，OCDの認知機能障害は，知能レベルや教育歴，全般的な脳機能低下を反映したものではなく，ある特定の高次脳機能の障害であると推測されている．代表的な報告を以下に概説する．

注意機能

注意機能に含まれる情報処理，注意範囲，選択的注意といった各要素のうち，OCDでは注意を向ける対象物の切り替えに困難があるのではないかという仮説に基づく調査が行われている．Stroop Testを用いた研究では，本機能の低下を肯定するものと否定するものがあり，筆者らが行ったStroop Testによる神経心理学的検査では，健常者との成績の有意差はなかった．しかし，Stroop Testを

応用した賦活課題を用いた fMRI の結果では，OCD では背外側前頭前野，ACC，尾状核における賦活の低下を認めた[10]．このことから，神経心理検査上は鋭敏性の問題のために同等の成績であっても，実際の脳の活動には健常者との差が生じているのではないかと考えられる．

遂行機能

遂行機能は知覚，記憶，言語といった認知機能を統合・制御し，円滑な行動の実施や切り替えを司るより高次の認知機能であり，セットの転換能力，流暢性や問題解決能力といった要素を含んでいる．遂行機能の概念は OCD 特有の柔軟さに欠けた固着的な行動様式を説明できる可能性がある．

Lucey ら（1997）は，セットの転換能力を評価可能な Wisconsin Card Sorting Test（WCST）を施行した患者に SPECT 撮影を行い，左尾状核・左下前頭葉の血流量と WCST のエラー数に相関があることを報告している．ほかに流暢性や問題解決能力に関してもいくつかの報告が OCD の成績低下を示し，Pujol ら（1999）は，Word Generation Test 施行時の脳活動を fMRI で測定し，OCD 患者の左前頭葉領域の活動が健常者に比して増加していることを報告している．

空間認知機能

Behar ら（1984）をはじめとする複数の研究者が，Cube Copying Test や Stylus Maze Test を用いた空間認知評価において OCD の成績低下を報告し，劣位半球の機能低下を主張した．しかし，用いられたテストの遂行には多くの場合複合的な認知機能が必要とされ，成績低下は空間認知の要素だけには帰結できないという見解が現在の主流である．

記憶機能

OCD における非言語的記憶の障害は Christensen ら（1992）をはじめとする多くの研究者によって指摘されている．しかしその一方で，Savage ら（2000）は OCD が記憶を行う際，細部に捉われ全体の構成を見失いがちである点を指摘し，OCD における記憶障害は遂行能力の低下によって惹起された二次的な障害であると主張している．

また，記憶そのものではなく強迫症状による情動が記憶に影響を与えているという Radomsky ら（1999）の見解や，強迫症状によって記憶に対する自信が低下していることが検査での成績の低下につながっているのではないかという Zitterl ら（2001）の主張もみられる．

ワーキングメモリー

ワーキングメモリーとは精神活動の際にある一定の情報を一時的に保持しながらなんらかの操作を行うための高次認知機能である．能動的な情報操作が含まれ一般的な記憶機能とは区別される．Mataix-Cols ら（1999）や Purcell ら（1998）は Tower of London Test などを用いた研究によって，OCD におけるワーキングメモリーの低下を示している．近年では機能的脳画像を用いてワーキングメモリーに関連する脳部位を調べる研究が進められており，筆者らが実施した n-back 課題を用いた fMRI 研究[11]では，右背外側前頭前野と左上側頭回，左島皮質，右楔部における賦活の亢進を確認した．

臨床症状と認知機能の関連性

確認や洗浄といった強迫症状のサブタイプによって，認知機能に差があるのではないかという議論がある．とくに確認強迫症状の基盤に記憶機能の障害があるのではないかという仮説のもとに複数の研究がなされ，Sher ら（1989）や Omori ら（2007）が，確認強迫に特異的な記憶障害を報告している．ほかに，強迫性緩慢やため込み癖に関しての報告が散見する．

OCD は他の精神疾患を合併することが多く，comorbidity の認知への影響を考慮する必要がある．とくに，合併することの多いうつ病について，Basso ら（2001）は OCD の遂行機能障害への影響が強いことを報告している．他の comorbidity の影響についてはまだ十分な検討がなされていない．

強迫症状の重症度と認知機能障害について調べた多くの研究では相関が得られていない．このことから，OCD における認知機能障害は，単に強迫症状によって引き起こされた二次的なものではないと考えられている．

治療による臨床症状の改善が，認知機能の改善を伴うかどうかは興味深い問題である．いくつかの研究において治療後に認知機能の改善を見出しており，OCD の認知機能障害は，強迫症状に伴う state marker である可能性が指摘されている．逆に Kim ら（2002）は，治療による症状改善後も言語流暢性や視空間記憶の障害が残ったことに着目し，OCD の認知機能障害には trait marker としての要素もあることを示している．

10.5　OCD の亜型と脳

OCD の生物学的病態を探索する際，サブタイプは重要なテーマである．本章

では次の2点に着目したい．一つはOCDそのものの生物学的な疾患内異種性であり，汚染恐怖や確認強迫と行った各症状に対応した神経回路仮説が提唱されている．もう一つはOCDに併存する精神疾患，すなわちcomorbidityの視点であり，近接併存する各疾患とオーバーラップする脳病態メカニズムが推定されている．

a. OCDの疾患内異種性

　OCDの症状は多彩であり，代表的なものは不潔恐怖に伴う洗浄強迫や加害不安や過失不安に伴う確認強迫であるが，ほかにも物の位置の対称性や文章の正確性へのこだわり，幸運，不運な数へのこだわり，無意味な行動の反復，価値観の喪失に伴うためこみ，性的・宗教的な思考への捉われなど，非常に多彩な症状亜型がみられることも本疾患の大きな特徴である．

　OCD-loopという一元的理論が提案される一方で，これらの症状亜型によって脳の活動には差が生じているのではないかという議論がなされてきた．Cottrauxら（1996）は，確認強迫を主症状とする患者群におけるPET撮影時のOFCと上側頭回の代謝亢進を報告した．Shapiraら（2003）は不潔恐怖に伴うOCDに対するfMRI研究で，嫌悪感を惹起するような写真を刺激として呈示し，島皮質，海馬傍回，下前頭葉の過剰賦活を報告した．筆者らが行ったfMRIを用いた研究の結果では，確認強迫患者は健常群と比較して症状誘発時に左尾状核と左ACCの脳賦活が低い一方，洗浄強迫患者は右小脳や右後部帯状回，右内側前頭回，左中側頭回といった広域な領域において健常群よりも脳賦活が高かった[12]．これらのデータからはOCDという単一の疾患内にも症状のサブタイプに応じて異なる神経回路の異常が存在する可能性がうかがわれる．

　OCDの生物学的病態に影響する異種性の問題について近年ではmulti-dimensional modelによる脳画像解析が取り入れられるようになっている．Mataix-colsら[13]が提唱する本概念は，洗浄，確認，ためこみなどのOCDの各症状は，それぞれ腹内側前頭前野，背側前頭葉領域，OFCの賦活と強く相関し，各個体において症状のdimensionに応じた固有の神経回路がオーバーラップして存在すると推測する．筆者らは，洗浄強迫では各種感覚刺激の入力を受ける広汎な皮質領域の機能異常がOCD-loopと連動することにより，確認強迫では衝動性や常同性とのかかわりが強い線条体やACCの機能異常が強まることにより，それぞれの症状が発現しているのではないかという仮説を立てている（図10.4）．

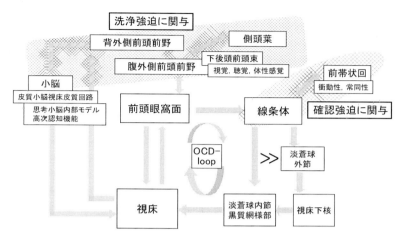

図 10.4 OCD-loop と症状サブタイプの関連（村山桂太郎博士より提供）
筆者らの研究結果からは，確認強迫では線条体─前帯状回の機能異常が，洗浄強迫では前頭前野を含む広汎な皮質領域の機能異常が示唆された．

　OCDのサブタイプのなかでもとくにためこみ癖については固有性が強く，ためこみに関する写真を用いた賦活課題施行時の脳活動を調べた An ら（2009）の研究によれば，ためこみの有無で内側前頭前野の賦活量が有意に異なっており，内側前頭葉〜辺縁系に特有の機能・構造障害がある可能性が示唆された．ためこみ癖は DSM-5 では Hoarding Disorder として OCD から独立した疾患となり，遺伝負因，症状への親和性，治療反応性，脳画像所見など多くの点で固有の特徴が示されている．

b. OCD の Comorbidity

　OCD は他の精神疾患との合併が多い疾患であり，とくにうつ病，他の不安障害，摂食障害などとの合併が多いことが知られている．このうちうつ病は OCD 患者において時点併存率 20〜30%，生涯併存率 60〜70% ときわめて高い comorbidity を有する疾患である．OCD とうつ病の併存においてその 70% は OCD が先行し，二次的にうつを併発することがわかっている．Mayberg（1997）によればうつ症状は背外側前頭前野，背側 ACC，後部帯状回など背側野領域の活動低下，腹側前頭葉，腹側前部，視床下部といった腹側野領域の活動増加と関連があることが知られており，前頭葉・辺縁系を中心に OCD とは異なる脳病態

メカニズムの存在が示唆されている．OCDにうつ病が合併すると臨床的にも症状はより重篤化し，認知行動療法（cognitive behavior therapy：CBT）の適応も制限されるなど治療上の困難も増すことが知られている．脳画像研究においては，Saxenaら（2001）が，OCD，大うつ病，OCDと大うつ病の併存患者の脳代謝をそれぞれPETによって測定し，両者の併存は海馬の著明な活性低下を引き起こすことを明らかにした．また，海馬の代謝とうつ症状の程度には，負の相関があること，つまりうつが強いほど海馬の代謝は低下していることを示した．これらの研究結果は，OCDにおけるうつ症状には情動調節を担う辺縁系の機能異常の関連が強いことを示している．

一方，われわれが臨床的によく遭遇するのは，OCDに合併する発達障害の問題である．広汎性発達障害（pervasive developmental disorder：PDD）に伴う強迫症状は，OCDが好発する10代においてとくにオーバーラップして出現するが，症状への不合理感，CBTに対する反応，薬物療法への反応は，不安を介在したいわゆる中核的な神経症的強迫症状とはかなり異なる．PDDにおける強迫症状を脳画像的手法によって調べた研究は筆者の知る限りないが，PDDと臨床的にも生物学的にもつながりの深いチック障害，トゥレット障害とOCDの生物学的関連については，OCSDの項で述べたとおりである．

Pigottら[14)]によればOCDはそのcomorbidityによって大きく三つのタイプに分かれるという．すなわち他の不安障害や気分障害などの併存が多く，危険の過剰評価がテーマで不安が強迫行為の主たる要因となるタイプ（A群），チック障害，トゥレット症候群，抜毛症などを併存し，不全感や完全主義的傾向が特徴となるタイプ（B群），失調症型人格障害などのA群パーソナリティー障害の併存を認め，症状の不合理感や自我違和感に乏しい妄想性障害や統合失調症へと発展するタイプ（C群）である．これまでの生物学的研究から得られた知見とこのPigottによる亜型分類をあわせて考えると，comorbidityのあり方とOCDの病態生理には強い関連性があるといえよう．

10.6 治療によるOCD回復の生物学的基盤

現在のOCD治療の礎になったのは，1970年代以降，曝露反応妨害法の登場によってもたらされたCBTの発展であろう．ついで1970～1980年代には三環系抗うつ薬であるclomipramineの有効性が示され，SSRIを中心とする薬物治療戦

略の基礎となった．これらの治療法が発展し，現在の SSRI と CBT を柱とした治療戦略が構築されている．ここではそれぞれの治療と脳の変化の関連について言及する．

a. 薬物療法による回復

臨床の場において，OCD に対する三環系抗うつ薬 clomipramine の有効性，ついで SSRI の有効性が証明された．同時に，SSRI 以外の抗うつ薬や抗不安薬では十分な効果が期待できないこと，効果発現には比較的高用量の SSRI を必要とすること，SSRI による治療にも 30～50％の患者は反応しない，ことなどが指摘されており，OCD が他の不安障害や気分障害とは異なる機序で薬物の効果を得ている可能性が示唆されている．OCD では高用量かつ長期の SSRI 投与によって OFC の $5-HT_{1D}$ 自己受容体の感受性低下と $5-HT_2$ 受容体の賦活化が起こり，その結果同領域における神経終末でのセロトニン活性の増加がもたらされることによって，抗強迫効果が得られると考えられている．

その一方で SSRI に反応を示さない治療抵抗性の OCD 患者も少なくなく，チックやトゥレットの合併例，ためこみや緩慢が主症状といった，臨床的因子との関連が示唆されている．このような治療抵抗性の OCD 患者に抗精神病薬の付加投与による治療が有効であることが示唆されており，今日では OCD におけるドパミン系の直接的関与，ないしドパミン－セロトニン間の相互調整作用があると考えられる．

ここ 20 年余，OCD に対する薬物療法の効果について，脳画像による検証が行われている．Benkelfat ら（1990）は PET を用いた研究によって，OFC・尾状核における糖代謝が亢進していた患者が薬物療法での症状の改善に伴い代謝が正常化したことを報告した．また，やはり PET を用いた Baxter ら（1992）の報告では，薬物療法後に，治療反応群では右尾状核の糖代謝の亢進が改善し，OFC・尾状核・視床における病的相関も消失したという．さらに，いくつかの報告が SSRI による治療前の OFC の低活性が良好な治療反応を予測する因子であることを示している．

筆者らの研究グループでも，脳機能画像所見と治療反応性との関連について fMRI を用いた検討を継続して行っている．これまでに，治療前の患者は健常者に比して，強迫観念を惹起するような語の連想時に OFC や視床の活動が亢進す

ること，行動療法ないしは fluvoxamine による治療で症状が改善するとこれらの部位の活動パターンはより健常者に近づくこと，つまり症状に関連する前頭葉の活動は低下し，認知課題に対する頭頂葉や小脳など後方脳の活動は増加すること，を確認している[2]（図 10.5）．さらに治療前の症状誘発時の右小脳，左上側頭回の賦活と，fluvoxamine による改善率には正の相関が認められることを見出している．筆者らの研究結果は，これまでいわれてきた前頭眼窩面だけではなく，側頭葉や小脳の活動性も治療反応性の指標となりえる可能性を示したといえる．

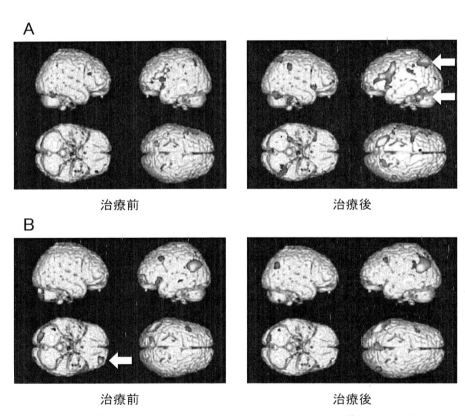

図 10.5 治療前後における OCD の fMRI 画像の比較（Nakao, 2005）[2]［カラー口絵参照］
A：Stroop 課題，B：症状誘発課題．課題 A では治療後に後方脳の賦活増加を，課題 B では治療後に左前頭眼窩面の賦活減少を認めた．

b. CBT による回復

　SSRI による薬物療法とならび OCD の第 1 選択治療である CBT はどのような作用によって，強迫症状を軽減させているのであろうか．学習行動理論によれば，OCD では学習によって生じた神経症性の不安が行動の動因となって症状を形成しており，その軽減が治療上重要であるという．OCD 治療における中心的技法であり，1960 年代の Meyer（1966）による報告を嚆矢とする曝露反応妨害法は，不安惹起状況への長時間の曝露を行うことで解学習が進み，条件づけされた不安が消去されることを利用した治療法である．CBT によって強迫観念，強迫行為が減弱し，不安が軽減する際にはこれらを制御する脳にも変化が生じていると考えられてきたが，機能的脳画像検査法の発展によりようやくそれが可能となった．

　OCD-loop を提唱した Schwartz ら（1998）は，これまでに得られた脳画像所見をもとに，CBT が脳に与える変化について仮説をたてている．彼らによれば，OCD では，OFC と ACC が過剰活性状態となっており，それによって尾状核に対する神経活動が亢進した状態となっている．OFC はエラー情報の検出装置として機能し，強迫に関連する刺激に対し過剰な反応を起こし，それと関連して情動を司る ACC の反応も活性化する．一方，尾状核と被殻で構成される線条体のニューロンは，報酬と結びつく視覚や聴覚といった刺激に強く反応することがやはりサルを対象とした実験でわかっている．線条体は，習慣行動を形成するのに重要な役割を果たし，入力された刺激に対応する行動を切り替えるギアのような役割をもっていると考えられる．このギアがスムースに動くことで，間接的経路（背側前頭前野―線条体―淡蒼球―視床下核―淡蒼球―視床―皮質）と直接的経路（OFC―線条体―淡蒼球―視床―皮質）が制御され，皮質からの情報は適切な振り分けを受け，円滑な行動や思考が実行される．しかし，OCD 患者では，線条体の機能に異常が生じているために尾状核が適切なギアの切り替えを行えずちょうどギアがロックしたようになり，エラー検出に伴って活性化した OFC からの直接経路がさらに活性化され，OFC―視床の相互活性が生じ強迫症状が持続する．彼らはこの状態をブレインロックと呼んだ．

　Schwartz ら（1996）の報告によれば，18 名の OCD 患者を対象として 10 週間の CBT を行い，その前後で PET 撮影を行ったところ，12 名が治療によく反応し，彼らの脳においては尾状核の代謝が著明に低下していたという．さらに加えて，治療前にみられた OFC，尾状核，視床間の病的な相関が，有意に低下して

いたという．Schwartzはこれらの所見と各部位の機能的連関をもとに，CBTでは刺激に対する反応を意図的に抑制することで間接経路の働きを強め，このロックを解除しようと試みているのではないかと推測する．一方の薬物療法は直接経路の働きを弱めることによって回路の修復をはかるのではないかと指摘したうえで，CBTでは新しい行動パターンが習慣形成された結果，ギアが本来のスムースな動きを取り戻し，適切な行動，思考の振り分けが可能になるのではないかと主張している．

10.7　OCDの情動と脳の統合モデル

ここまで，OCDにおける強迫症状と不安，衝動，認知の関連について概観し，さらに疾患内異種性や治療による脳の回復について示してきた．

OCD-loop仮説はその後の検証によって広汎な脳部位の関与を考慮に入れる必要が出てきており，従来の前頭葉—皮質下回路にACC，海馬，扁桃体を加えた情動ループ，さらに前頭前野外側部と後頭葉，頭頂葉，小脳から尾状核，視床下核を経由して黒質，淡蒼球，視床に至る空間認知や注意に関与する認知ループのネットワークモデル[15]（図10.6）が推定されている．

また，生物学的研究の発展により，不安だけでは説明できないOCDの多様性がより明らかなものとなってきている．とくに衝動性の要素に関連して，

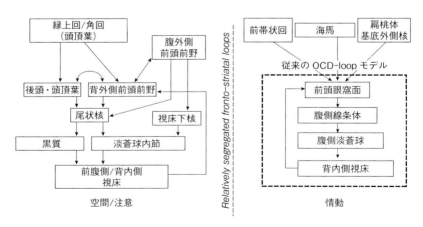

図10.6　修正版認知神経・情動OCD-loop仮説（Menzies et al., 2008）
当初考えられていたよりも多くの脳領域に機能や形態の異常が存在し，OCDの症状や認知機能に影響していることがわかってきた．

10.7 OCDの情動と脳の統合モデル

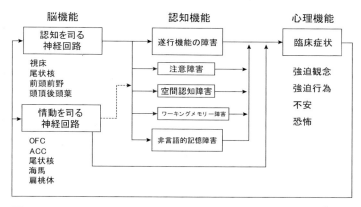

図10.7 OCDの脳−認知機能−心理機能モデル（Savage（1998）[16]のモデルをもとに作成）

認知，情動を司る神経回路の異常は遂行機能や記憶障害といった認知機能の異常を引き起こし，その影響を受けて臨床症状が発現するとともに，臨床症状の持続がさらなる脳−認知機能の障害を誘発する．

DSM-5ではいったん棚上げとなったOCSDの概念が今後どのように取り扱われるかは注目される．また臨床的にみられるOCDの多様性，つまりチックや発達障害と関連の強い早期発症のサブタイプ，不安障害との親和性の高いサブタイプ，病理性が強く精神病との連続性を示すサブタイプなどといった疾患内の異種性は，OCDの情動および認知にそれぞれに固有の影響を及ぼすことが示唆される．

認知機能と臨床症状，脳機能の関連について，Savage[16]は以下のような仮説を提唱した．脳におけるOCD-loopの障害が，遂行機能と二次的な非言語的記憶の障害を引き起こし，その結果として強迫観念や強迫行為が出現する．さらに臨床症状としての強迫症状が持続することによって，脳における反響ループはより増幅し，神経心理機能の障害も強まった結果，脳−認知機能−臨床症状間における連鎖的な症状増幅回路が形成されるというものである（図10.7）．

薬物療法，CBTはそれぞれにOCD-loop，あるいはその修正モデルになんらかの影響を生じることにより臨床症状の回復をもたらすと考えられる．先述のSavageらは脳レベルでの薬物療法，臨床症状レベルでのCBT，そして認知レベルでの認知機能訓練が，強迫症状の改善に有用であると指摘する．しかし各介入法がどのような機序で改善をもたらすのかについては，いまだ不明な点も多い．とくに心理療法が脳にもたらす変化について，OCDを含む不安障害，大うつ病

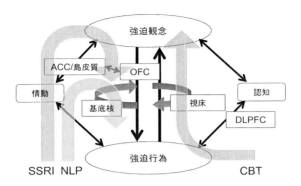

図 10.8 OCD の症状・神経回路と治療の関連（中尾, 2013)[18]
SSRI は情動安定と観念の軽減をもたらす一方，NLP は直接基底核へ作用し行為を軽減，行動療法は行動の制御を礎に不安と観念を軽減する．OFC：前頭眼窩面，ACC：前帯状回，DLPFC：背外側前頭前野，NLP：抗精神病薬．

に関する脳画像研究をレビューした Linden[17] によれば，多くの研究で薬物療法と心理療法の比較研究が行われているものの，心理療法に固有の神経メカニズムはいまだ見出されていないという．生物学的な研究の結果から推測すると SSRI は情動安定と強迫観念の軽減をもたらす一方，NLP は直接基底核へ作用し強迫行為を軽減，CBT は行動の制御を礎に不安と強迫観念を軽減することが考えられる[18]（図 10.8）．今後の生物学的研究の進歩により情動と認知にかかわる OCD の脳病態がより明らかとなり，効果的な治療戦略が生み出されることを期待したい． ［中尾智博］

文　　献

1) American Psychiatric Association：Obsessive-Compulsive and Related Disorders. Diagnostic and Statistical Manual of Mental Disorders, Fifth Edition：DSM-5. American Psychiatric Publishing, Washington DC, pp. 235-264, 2013.
2) Nakao T, Nakagawa A, Yoshiura T et al：Brain activation of patients with obsessive-compulsive disorder during neuropsychological and symptom provocation tasks before and after symptom improvement：a functional MRI study. *Biol Psychiatry* **57**：901-910, 2005.
3) Saxena S, Blody AL, Schwartz JM et al：Neuroimaging and frontal-subcortical circuitry in obsessive-compulsive disorder. *Br J Psychiatry* **173**：26-37, 1998.

4) Pujol J, Soriano-Mas C, Alonso P et al : Mapping structural brain alterations in obsessive-compulsive disorder. *Arch Gen Psychiatry* **61** : 720-730, 2004.
5) Togao O, Yoshiura T, Nakao T et al : Regional gray and white matter volume abnormalities in obsessive-compulsive disorder : A voxel-based morphometry study. *Psychiatry Res* **184** : 29-37, 2010.
6) Radua J, Mataix-Cols D : Voxel-wise meta-analysis of grey matter changes in obsessive-ompulsive disorder. *Br J Psychiatry* **195** : 393-402, 2009.
7) Radua J, van den Heuvel OA, Surguladze S et al : Meta-analytical comparison of voxel-based morphometry studies in obsessive-compulsive disorder vs other anxiety disorders. *Arch Gen Psychiatry* **67** : 701-711, 2010.
8) Hollander E, Wong CM : Obsessive-compulsive spectrum disorders. *J Clin Psychiatry* **56** Suppl 4 : 3-6, 1995.
9) Bloch MH, Landeros-Weisenberger A, Kelmendi B et al : A systematic review : antipsychotic augmentation with treatment refractory obsessive-compulsive disorder. *Mol Psychiatry* **11** : 622-632, 2006.
10) Nakao T, Nakagawa A, Yoshiura T et al : Action-monitoring function of obsessive-compulsive disorder (OCD) : A functional MRI study comparing patients with OCD with Normal Controls during Chinese character Stroop task. *Psychiatry Res* **139** : 101-114, 2005.
11) Nakao T, Nakagawa A, Nakatani E et al : Working memory dysfunction in obsessive-compulsive disorder : a neuropsychological and functional MRI study. *J Psychiatr Res* **43** : 784-791, 2009.
12) Murayama K, Nakao T, Sanematsu H et al : Differential neural network of checking versus washing symptoms in obsessive-compulsive disorder. *Prog Neuropsychopharmacol Biol Psychiatry* **40** : 160-166, 2013.
13) Mataix-Cols D, Wooderson S, Lawrence N et al : Distinct neural correlates of washing, cheking and hoarding symptom dimensions in obsessive-compulsive disorder. *Arch Gen Psychiatry* **61** : 564-576, 2004.
14) Pigott TA, L'Heureux F, Dubbert B et al : Obsessive compulsive disorder : comorbid conditions. *J Clin Psychiatry* **55** : 15-27, 1994.
15) Menzies L, Chamberlain SR, Laird AR et al : Integrating evidence from neuroimaging and neuropsychological studies of obsessive-compulsive disorder : the orbitofronto-striatal model revisited. *Neurosci Biobehav Rev* **32** : 525-549, 2008.
16) Savage CR : Neuropsychology of obsessive-compulsive disorder : research findings and treatment implications. In : Obsessive-Compulsive Disorders : Practical Management, 3rd ed (Jenike MA, Baer L, Minichiello WE eds), Mosby, St. Louis, pp. 254-275, 1998.
17) Linden DE : How psychotherapy changes the brain - the contribution of functional neuroimaging. *Mol Psychiatry* **11** : 528-538, 2006.
18) 中尾智博 : OCDの生物学的病態からみた難治性. 精神神経学雑誌 **115** : 981-989, 2013.

11 パニック障害

　パニック障害(panic disorder, 以下PD)とは，内因性不安としての自発性パニック発作と，それに対する高次脳機能による制御不全を本態とする不安障害と考えられ，脳の機能障害によって引き起こされる病気として捉えられてきた．これを情動の異常という側面から捉え直すと，恐怖や不安などの過剰な情動がどのように引き起こされるのかという面（情動喚起）と，その情動をどのようにコントロールしているのかという面（情動制御）の両側面から理解する必要があるということになる．

　そこで以下では，①PDを含む不安障害とのかかわりのなかで，情動の喚起や制御がどのように研究され，これまでにどんな結論が得られているのかをまとめ，次に，②PDに対してどのような神経解剖学的仮説が提唱されてきたかについて概観し，③その神経解剖学的仮説に一致するような脳イメージング検査の知見についてまとめ，さらには，④情動の異常にかかわりが深い認知機能の異常について，前頭前野に加えて脳幹部まで含めた認知機能の課題成績について紹介する．

11.1 不安障害と情動制御

　Cislerらは，不安障害における情動異常にかかわる多くの研究をレビューしつつ，以下の3点を明らかにしている[1]．①恐怖や不安などの情動と情動制御は，別個で重なりのない構成概念であり，分析をする際に，概念的，行動的，神経的なレベルで区別することが可能である．②情動制御は，制御のための方略にしたがって，恐怖を弱めたり強めたりすることができる．③不安障害の症状がもつ分散（情報）に対して，情動反応性の指標が説明できる部分以外にも，情動制御の指標で説明可能な部分がある．

　そして上記の①に関しては，さらに以下のように説明されている．恐怖や不安

とは,生体が危険の潜在的な原因に対して反応する防御反応であり,生理的,外顕行動的,認知的に表出されるが,神経学的には扁桃体周辺の活動に帰着できる.情動制御とは,情動的経験を変化させようとする試みのことであり,状況に応じて様々な外顕行動的,認知的な戦略を含みうるが,神経学的には前頭前野および機能的に関連する神経領域に帰着できる.

次に,②に関しては,以下のような点に言及されている.情動制御の方法としては,再評価,気ぞらし,回避,逃避,抑制,情動焦点型対処,問題焦点型対処,薬物の使用などが含められているが,実験的な研究などでよく取り上げられているものは,再評価と抑制の二つである.再評価は,体験している感情に気づきながら反応しないでおくアクセプタンスなども含む幅広い概念であるが,情動を低減する方向でも増強する方向でも効果的な情動制御につながることが多い.それに対して抑制では,主観的感情が低減したとしても,生理的反応などは抑えられないことが多く,結果的に抑制しようとする情動を強めてしまう結果になること

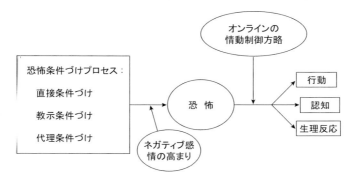

図 11.1 柔軟性のない情動制御方略が,条件刺激に対する恐怖反応を増強するモデル (Cisler et al., 2010)[1]

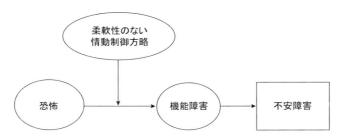

図 11.2 柔軟性のない情動制御方略を使い続けることが,恐怖による機能障害を増強し不安障害発症に至るモデル (Cisler et al., 2010)[1]

が多い．

以上の知見に基づいて，Cislerらは，抑制などの柔軟性のない情動制御方略が，条件刺激に遭遇した際に恐怖の表出を高めてしまう短期効果に関するモデルと（図11.1），同じく柔軟性のない情動制御方略を続けた際に，恐怖がもたらす生活面での機能障害を増強し不安障害の発症につながるとする長期効果に関するモデル（図11.2）を提唱している．

次節では，以上で述べた情動喚起の異常と情動制御の異常が，PDの神経解剖学モデルのなかでどのように位置づけられてきているかを，他の不安障害との比較も交えながら概説する．

11.2 パニック障害の神経解剖学モデル

Uysらは，PD，社交不安障害（SAD），心的外傷後ストレス障害（PTSD），全般性不安障害（GAD）などを対象にしたこれまでの動物モデルとその実験結果をまとめ，それぞれの病態に最もよく当てはまると思われる前臨床モデルと，それらが対象にする認知情動的プロセスおよび想定される神経解剖・分子的機序を，表11.1のようにまとめている[2]．

PDの動物モデルは，恐怖条件づけを中心に概念化されてきた[3]．恐怖条件づけとは，古典的条件づけの原理に基づいて，本来何の機能ももたない中性刺激の直後に嫌悪刺激を与えることを繰り返すことで，中性刺激（条件刺激）のみの提示で恐怖反応（条件反応）が引き起こされるようになる学習形式である．この条

表11.1 不安障害の前臨床モデルが対象とする認知情動的プロセスと想定される神経解剖・分子的機序（Uys et al., 2003, 一部改変）[2]

不安障害	認知情動的プロセス	実験パラダイム	神経解剖	分子的機序
PD	恐怖条件づけ	恐怖で増強された驚愕反応	扁桃体，海馬，内側前頭前皮質，背側PAG	セロトニン，グルタミン酸，GABA
SAD	社会的な服従	霊長類の社会的序列	扁桃体，皮質線条体回路	セロトニン，ドーパミンD2
PTSD	時間依存性感作	齧歯類の時間依存性感作	海馬，前頭前皮質	間脳-下垂体-副腎系，セロトニン
GAD	全般性回避行動	高架式十字迷路	未特定	セロトニン，GABA

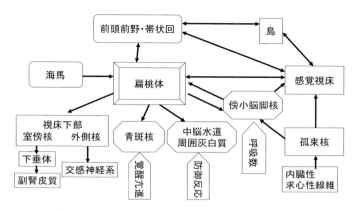

図 11.3 恐怖条件づけにかかわる神経解剖学的経路（Gorman et al., 2000, 一部改変）[3]

件づけに関与する神経解剖学的経路は恐怖ネットワークと呼ばれるが，条件刺激と条件反応の結びつきを学習する扁桃体，条件づけが成立した状況と条件反応の結びつきを含む文脈条件づけを学習する海馬を中心として，内臓感覚情報を中継する視床，内臓感覚の統合と扁桃体への出力を担う島，恐怖反応の行動・生理・神経内分泌的要素の生成に関与する中脳水道周囲灰白質，青斑核，傍小脳脚核，視床下部内側核・外側核，そして，条件づけの消去（消去学習による上書き）に関与する腹内側前頭前野（腹側前帯状回を含む）などから構成されている（図 11.3）．

この動物モデルに基づく PD 理解の特徴は，恐怖ネットワークの中核である扁桃体の興奮が引き金になり脳幹諸核や視床下部を経てパニック発作の症状が出現することと，扁桃体に入力してくる経路として，孤束核から視床・島を経る内臓感覚（内部感覚に対する過敏性），海馬からの状況記憶（特定の状況における予期不安），前頭前野・前帯状回からの認知的入力（破局的解釈と回避）の 3 経路を仮定している点であり，繰り返すパニック発作とそれに伴って予期不安や広場恐怖を生じる PD の病態をうまく説明できるように思われる．しかし，このモデルでは，PD と診断するための必須事項である自発性の（学習経験による状況依存性のものではない）パニック発作の発生が説明できない．

また，恐怖条件づけの過程は，特定の恐怖症（SP），SAD，PTSD などその他の不安障害の発症や維持にも関与していると考えられるが，PD では，外界・身体・

認知などのごく軽微な刺激によってパニック発作を繰り返すことが特徴であるため，恐怖条件づけそのものではなく，それに伴って成立する「恐怖で増強された驚愕反応（fear-potentiated startle）」を対象とする実験パラダイムも用いられてきた．その結果，扁桃体からの出力信号を，驚愕反応の責任部位である尾側橋網様体へ中継する中脳水道周囲灰白質背側部の役割が注目されてきている[4]．ちなみに，ここで言及されている中脳水道周囲灰白質は，条件づけによらない嫌悪刺激に対する反応にも関与することが知られているため，PDの神経解剖学的モデルにおいては，必ずしも扁桃体の下流にではなく，別経路として位置づけることも提言されている[5]．

以上で述べた神経解剖学的モデルでは，扁桃体および脳幹部の過剰興奮と前頭前野の機能不全（過剰興奮と抑制不全）が，PDの病態維持にかかわっていると捉えられており，11.1節で述べた情動喚起と情動制御の異常にちょうど対応していることがわかる．

11.3 パニック障害の脳イメージング

a. 不安障害全般の脳イメージング

Etkinらは，不安障害の脳イメージング研究を対象にした定量的メタ解析を行った[6]．対象研究の選定基準は，①患者群とマッチングした対照群の間で複数の脳部位について比較を行っており，その結果が標準脳座標で示されていること，②ネガティブな感情状態が誘発され，ニュートラルかポジティブな感情状態または安静時と比較されていること，③1疾患につき10以上の比較データが入手できることの三つであった．これらの基準を満たした病態は，PTSD，SAD，SPのみであり，これに健常者を対象にした恐怖条件づけのデータを加えた4条件でメタ解析が行われた．

その結果，3疾患のすべてで，ネガティブな感情状態における扁桃体と島の賦活が認められ，さらに健常者における恐怖条件づけでも同様の所見が得られたことから，恐怖ネットワークの過剰な反応性が三つの不安障害の共通点であることが確認された．扁桃体と島以外の場所では，PTSDで海馬傍回，下頭頂小葉，中帯状回，楔前部，SADで海馬傍回，紡錘状回，淡蒼球，下前頭回，上側頭回，SPで紡錘状回，黒質，中帯状回においても賦活が認められた．その一方で，PTSDにおいては，他の疾患では認められなかったネガティブな感情状態による

活動低下が，広汎な領域（下後頭回，腹内側前頭前皮質，吻側前帯状皮質，海馬傍回，舌状回，背側扁桃体，海馬前部，前頭眼窩皮質，被殻，中後頭回，背内側前頭前皮質，背側前帯状回，中帯状回）に認められた．

そこで，PTSD 群と SAD + SP 群の差異を検討するために，いくつかの関心領域で両群において活動亢進と活動低下が認められた頻度を比較した．その結果，扁桃体と島における活動亢進は SAD + SP 群での頻度が有意に高く，吻側前帯状皮質，背側前帯状皮質，腹内側前頭前皮質，視床の活動低下は PTSD 群での頻度が有意に高かった．さらに，脳内各部位の活動の相関関係を両群のそれぞれで求めたところ，SAD + SP 群では扁桃体，視床，島の間で正の相関が認められたのみであったが，PTSD 群では同様の相関に加えて，内側前頭前野の多数の活動低下部位間にも相関が認められ，背側・吻側前帯状皮質と扁桃体・島の間には負の相関が認められた．PTSD における負の相関の存在は，内側前頭前野の活動低下が辺縁系の活動亢進と関連していることを示す重要な所見である．

Etkin らの別の研究では[7]，背内側前頭前野の賦活が情緒的葛藤のモニタリングにかかわり，吻側前帯状皮質の活動増加と扁桃体の活動低下が情緒的葛藤の解決にかかわっていることが示されており，上で示した PTSD に特異的な変化は，この病態の患者が示す感情の鈍麻と制御不全に関係している可能性が指摘されている．

b. パニック障害の非発作安静時の脳イメージング

PD は前節で紹介した Etkin らのメタ解析に含まれなかったが，それはパニック発作の激しさのために撮像中に負荷試験を行うことが難しく，上記の選定基準に合わないものが多いという事情が関係している．実際には，これまでに実施された脳イメージング研究はむしろ他の不安障害よりも多く[8]，近年もさかんに研究が進められている．これまでの結果をおおまかにまとめると，動物モデルの項で説明した，恐怖条件づけや増強された驚愕反応のモデルにおおむね合致する結果が得られてきており，前節で説明した三つの不安障害との関係では，SAD + SP 群と PTSD 群の中間に位置するような特徴を示しているといえるだろう．以下では，おもに筆者らのグループが報告した二つの研究結果を紹介しながら，もう少し具体的な特徴を示してみる．

Sakai らは，PD 患者がごく軽微な刺激に対しても発作を繰り返すことから，

非発作安静時においても扁桃体および脳幹諸核などに代謝異常が認められるという仮説に基づいて，F18-FDG PET を用いた研究を行い，2005 年に非服薬の治療前安静時の患者群 12 名と健常対照群 22 名を比較した結果を報告している[9]．

その結果，両側の扁桃体・海馬，両側の視床，PAG を含む中脳，橋尾側〜延髄，小脳といった部位に，非発作安静時に FDG 取り込みの亢進を認めた（図 11.4）．一方，FDG 取り込みの低下部位は認めなかった．PD 患者において扁桃体の過活動を捉えたのは，この研究が世界で初めてである．また，延髄から感覚視床を通ってくる内臓知覚の入力経路と，海馬からの状況記憶の入力経路はどちらも過活動を示しているが，扁桃体からの出力経路に関しては，PAG を除いてははっきりせず（橋尾側は，青斑核を含んでいない領域），今回の PET 検査が非発作時に行われたことと矛盾しない．そして，PAG に関しては，動物モデルの項で述べたとおり，「増強された驚愕反応」に関連した予期不安が拘束性の高い検査条件で誘発された可能性や，Coplan らのモデルにおいて想定されているように[5]，自発性パニック発作の脳内責任部位として活動が強まっている可能性もある．

次に，Sakai らは，薬を使わずに認知行動療法のみで治療した場合にどのような脳機能の変化が引き起こされるかを，患者群 12 名のうち，半年間で 10 回の個人認知行動療法（CBT：広場恐怖やパニック発作症状に対するエクスポージャ治療を中心にしたもの）を受けることで社会復帰が可能になった 11 名を対象にして，治療前後での糖代謝の変化を見ることによって検討している[10]．

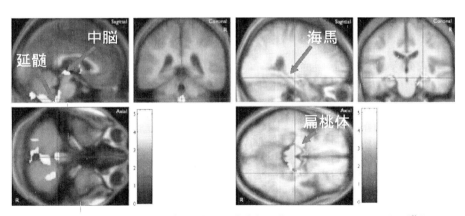

図 11.4　PD 患者群（非発作安静時）での糖代謝亢進領域（Sakai et al., 2005，一部改変）[9]［カラー口絵参照］

その結果，代謝低下が右側の海馬，左腹側前帯状回（BA32），橋，そして小脳で認められた一方で，代謝増加が両側背内側前頭前野（左BA9，右BA10）と有意ではないが背側前帯状回（BA24）で認められた．さらに，上記の代謝変化部位と治療前安静時の代謝亢進部位である左右扁桃体とPAG周辺に合計9個のROIを設定し，患者群全12名を対象にして，その糖代謝と，症状指標であるPDSS（panic disorder severity scale）およびパニック発作頻度との間で順位相関を求めたところ，左背内側前頭前野（BA9）の糖代謝の変化率とPDSSの第2下位尺度（予期不安・広場恐怖）の変化率に有意な負の相関が，中脳（PAG周辺）の糖代謝の変化率と過去4週間のパニック発作頻度の変化率に正の相関が認められた．

以上をまとめると，治療によって，病的に活動が強まっていた可能性のある右海馬，左腹側前帯状回，橋，そして小脳の糖代謝が低下するとともに，安静時の研究において治療前には異常がはっきりしなかった両側背内側前頭前野の糖代謝の増加が認められたことになる．そして治療前後の症状指標との関連では，左背内側前頭前野と中脳の糖代謝の変化のみが有意な関連を示しており，前者は代謝亢進と予期不安・広場恐怖症状改善の関連であり，後者は代謝低下とパニック発作減少の関連であった．BA9がPAG周辺と線維連絡をもち抑制的に作用している[11]ことを考えると，CBTによってとくに左の背内側前頭前野の活動が高まり，それが予期不安や広場恐怖の改善に関連するとともに，中脳の過剰な活動を抑制することを介してパニック発作の減少にもかかわっている可能性が示唆される．

以上より，PDでは扁桃体や海馬などの反応性の亢進に加えて，内側前頭前野（とくに左側）による抑制性の働きが弱まっていると考えられ，先に述べたとおり，一部PTSDに近い神経解剖学的異常が存在する可能性がある．

c. パニック障害の課題遂行時の脳イメージング

11.2節で紹介したPDの神経解剖モデルで，情動制御にかかわりの深い前頭葉がパニック障害の病態維持において担う役割を示唆するものとしては，一つは古典的条件づけの消去に前帯状回を含む腹内側前頭前野が関与しているとする実験結果が報告されていること，それからもう一つは前頭前野や前帯状回からの認知的入力が破局的解釈と回避に関係していると想定されていることである．

そこからは，①腹内側前頭前野の機能が弱いことで，条件づけにより成立した

症状が消去されずに維持されてしまう，②情動喚起刺激に対して前頭前野が過大な反応を示す，③情動反応に対して前頭前野が正常な抑制効果を示さない，といった可能性が想定されよう．以下では，前頭前野が情動制御に果たす役割を示唆する研究として，従来から用いられてきた前頭葉課題である認知課題による研究と，不安や恐怖などの情動を喚起した際の前頭葉の反応を見た報告のそれぞれについて解説する．

認知課題

Nishimura らは，多チャネルの近赤外線スペクトルスコピー（NIRS）を用いて，語流暢課題（ある音で始まる単語をできるだけ多く想起する）による前頭前野の賦活の程度を，未服薬の PD 群 5 名と健常者群 33 名の間で比較した．その結果，左下前頭前野の血流増加が PD 群で有意に小さいことを見出した[12]．

さらに Nishimura らは，その臨床的意義を明らかにするために，PD 群 109 名（服薬患者や大うつ病を合併している患者も含む）の語流暢性課題中の血流変化とパニック障害の症状指標（panic disorder severity scale：PDSS）との関連を検討した[13]．その結果，左下前頭前野の血流増加の小ささが発作の頻度と，右前前頭前野の血流増加の小ささが広場恐怖の程度と相関することが示された．そして発作頻度との関連からは発作を繰り返すことで認知機能が障害される可能性が，広場恐怖との関連からは認知的な原因帰属の不適切さが症状発現にかかわっている可能性が指摘されている．

また，同グループの NIRS 研究では，家族歴のある患者群では内側前頭前野の血流低下が大きいといった予備的な知見も報告されている．この結果は遺伝素因との関連も示唆するものであり，上記右前頭前野と広場恐怖に関連が認められた結果も踏まえた上で，今後遺伝学的研究成果と照らし合わせることでさらに有意義な知見が得られる可能性がある．

情動喚起課題

van den Heuvel らは，fMRI を用いて，PD 群 15 名と健常者群 19 名に強迫性障害群 16 名と心気症群 13 名を加えた上で，PD に関連した不安を喚起する単語（心臓発作，人ごみ，失神など）と感情を喚起しない中性語に対する脳血流反応の差異を検討した[14]．その結果，PD 群では健常者群や強迫性障害群と比較して，両側の前頭前野，前帯状回，下頭頂野，右側の背外側前頭前野，腹外側前頭前野，眼窩野，視床，中側頭野，扁桃体，海馬で血流増加が大きかった．心気症群でも

PD 群と同様な変化を示したが，扁桃体での血流増加は認められなかった．

この研究により，PD でのネガティブな感情状態の誘発が，扁桃体や海馬の過剰な賦活を引き起こすことが示された一方で，前頭前野や前帯状回の血流増加も大きかったため，情動制御にかかわる脳機能異常の詳細は明らかにならなかった．

一方，Ball らは，fMRI を用いて，PD 群 18 名，GAD 群 23 名，健常者群 22 名を対象にして，ネガティブな情動を喚起する写真を見せた際に，再評価による情動制御とコントロール条件として情動の維持を行わせ，その際の脳血流反応の差異を見る研究を行った[15]．その結果，再評価中の背外側前頭前野と背内側前頭前野の血流増加が，PD 群＋GAD 群において小さく，その反応の弱さが不安の重症度および生活の機能障害と関連することが示された．

この研究からは，再評価による情動制御が PD や GAD において不十分であることに，背外側・背内側前頭前野の機能不全がかかわっていることが示唆されたといえる．

さらに，Chechko らは，fMRI を用いて，症状寛解後の PD 群 18 名（全例 SSRI 服用口）と健常者群 18 名を対象にして，喜びと恐怖の表情の顔写真の上に，Happiness と Fear という文字が一致と不一致条件のそれぞれで印字されている刺激を提示し，顔写真の表情を答えさせる情動ストループ課題によって脳血流反応の差異を検討した[16]．なお，この研究では，現試行の前が一致か不一致試行かまでを考慮に入れて，一致→一致，一致→不一致，不一致→一致，不一致→不一致の四つの刺激提示方法がもつ効果に注目している．

その結果，PD 群では不一致条件での反応に時間がかかり（干渉効果），葛藤状況への順応（一致→不一致条件よりも不一致→不一致の方が現試行の反応時間が速くなる効果）も弱かった．そして，一致→不一致条件の場合は，PD 群で右背側前帯状回・背内側前頭前野の血流増加が大きかった一方で，不一致→不一致条件の場合では，健常者群で両側背側前帯状回・背内側前頭前野の血流増加が大きく，それが干渉効果の低減につながっていたが，PD 群では右扁桃体，両側海馬傍回，脳幹部（両側中脳・橋）の血流増加が大きく，それが干渉効果の増大につながるという結果であった．そして，不一致→不一致と一致→不一致条件間の脳血流増加の差の大きさ（前者－後者）を両群間で比較した画像が図 11.5 であるが，背側前帯状回・背内側前頭前野での差異（C，健常者群＞PD 群）と，右扁桃体，両側海馬傍回，脳幹部での差異（D，健常者群＜PD 群）が明確

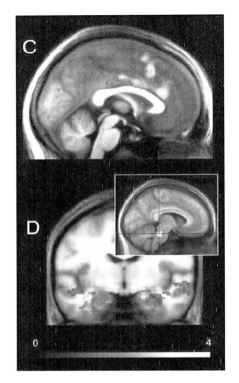

図 11.5 情動ストループ課題において，不一致→不一致と一致→不一致条件間の脳血流増加の差の大きさ（前者 – 後者）を PD 群・健常者群間で比較した結果（Chechko et al., 2009）[16]［カラー口絵参照］
C：健常者群＞PD 群，D：健常者群＜PD 群．

に示されている．

 以上より，PD では，情動（PD に非特異的なものでも）が喚起される葛藤状況に対して背側前帯状回・背内側前頭前野の活動を強めることで対応するが，葛藤状況が持続すると同部位の働きが持続できなくなり（順応が起こらず），扁桃体や海馬の活動を抑制することが困難になるものと考えられた．

11.4 パニック障害の認知機能異常

 11.3 節では，脳イメージングによって，情動喚起と情動制御の異常がどのように捉えられているかを見てきたが，本節では，実際の心理機能としてどのような異常が認められているのかを，神経心理課題によって捉える認知機能異常という側面から整理することによってまとめてみる．神経心理課題ではその検査の性質上，前頭前野機能を扱うものが多いので，情動喚起よりも情動制御にかかわるものが多いと思われる．そこで以下ではまず前頭前野機能とかかわる神経心理課

題について整理した後，情動喚起の方にかかわりが深いと考えられる脳幹機能を反映する検査結果についても紹介する．

a. 前頭前野の神経心理課題

Alves ら[17]，Pubmed，Web of Science，PsycInfo で，"cognitive, function, panic, disorder"をキーワードにした系統的検索を行い，ヒットした971論文から，「PDを対象に少なくとも一つの神経心理アセスメント課題を行っている」という基準で，最終的に17論文を選び出した．それらに含まれる神経心理課題を，全般的知的機能，記憶，注意，実行機能，精神運動能力と処理速度，語流暢性，表情や単語の情動処理にグループ化し，異常の有無や程度について集計した．その結果，記憶課題の成績の悪さと，PDに関連した刺激に対する情動処理の成績のよさのみが，比較的一貫して認められる結果であった．

ワーキングメモリー，長期記憶，視覚記憶にかかわる記憶課題は最も多くの10論文で検討されていたが，そのうち7件で，いずれの課題の成績も悪化していた．ただし，言語記憶では差がなかったものや，表情の再認課題ではPDの方が優れているという結果を示したものもあった．

次に多い8論文で検討されていたのは制御的な注意過程であったが，それらのうち5編ではPDと対照群の間に差は認められなかった．差の認められた三つのうちの二つでは，選択的注意や注意の転換の成績がPDの方で低下しており，病態に関連した身体感覚への注意バイアスのために，適切な刺激に選択的注意を向けることが難しいと考察されていた．残りの一つでは，選択的注意には差はなかったが，注意の分割において対照群よりも低下が認められた（PDと大うつ病の合併例の方がさらに低下していた）．

意思決定，自動的反応の抑制機能，柔軟性，カテゴリー化などを含む実行機能は，6論文で検討されていたが，4論文では差が認められなかった．差の認められた1論文では，PDにおける高不安状態がカテゴリー形成などを低下させることが示され，他の1論文では，PD33名を含む不安障害112名と対照群175名を比較した結果，数字を1から25まで順に結ぶ Trail Making Test A では差がなく，数字とアルファベットを「1→A→2→B→……」のように交互に結ぶ Trail Making Test B（注意や概念の変換能力を必要とするため，実行機能を見るのに適している）では差が認められた．

同じく6論文で検討されていた顔刺激と言語刺激に対する情動処理に関しては，五つの論文でPDが注意バイアスを示すという結果であった．表情刺激を用いた三つの論文では，一つでは批判的な顔よりも安全な顔に，もう一つでは恐がっている顔に対して注意バイアスを示した（素早い反応を示した）．もう一つの論文ではPDと対照群には差はなかったが，PD＋大うつ病群では対照群に比して，楽しい顔よりも悲しい顔に注意バイアスを示していた．残り三つの言語刺激を用いた論文では，いずれもPDに関連した刺激に対して注意バイアスが認められた．

b. 実行機能と心拍変動の関連

次に，健常者と比べた際にどのような神経心理課題に異常があるかを明らかにするのではなく，実行機能を見るための代表的な神経心理課題の成績が，PDに伴う心臓副交感神経活動の低下や，PDの症状指標とどのように関連するかを通して，パニック障害に伴う生理的異常や症状（情動喚起の強さと関連する）と実行機能異常が，どのような量反応関係をもっているかを検討した研究を紹介する．

Hovlandら[18]，36人のPD患者を対象にして，Wisconsi Card Sorting Test（WCST）とColor-Word Interference Test（CWIT）による神経心理課題と，心拍変動の高周波成分（HF）を測定し，PDの症状指標も含めて，治療導入前のベースライン時におけるお互いの関連を検討した．WCSTでは，エラー総数，保続反応数，保続性エラー数を評価し，CWITでは，Stroop Testと同じように，色命名時間，読字時間，抑制条件反応時間，抑制条件エラー数を評価し，さらに枠の表示の有無に合わせて読字と色命名を切り替える「転換条件反応時間」と「転換条件エラー数」も評価した（両テストとも高得点＝高機能）．また，PDの症状指標では，パニック発作頻度，PDと関連した負担感，PDの罹病期間を含めた．

まず，神経心理課題の成績（WCSTの3変数とCWITの6変数）の平均値±95％信頼区間は，すべて健常者の平均±1SD以内に収まっており，Alvesらの総説論文で，実行機能に異常のある報告が少なかったことと一致していた．その一方で，HFとは，WCSTのエラー総数，保続反応数，保続性エラー数，CWITの抑制条件反応時間，抑制条件エラー数で，軽度から中等度の有意な正の相関（それぞれ，0.37, 0.35, 0.34, 0.30, 0.43）が認められ，これらの実行機能は心臓副交感神経の活動低下とともに悪化する可能性があることが示された．また，CWITの抑制条件反応時間，抑制条件エラー数では，それぞれPDの罹病期間，PDと

関連した負担感との間に軽度の有意な負の相関が認められ（それぞれ，−0.27，−0.37），PDと関連した負担感，PDの罹病期間とHFとの間には，軽度から中等度の有意な負の相関（それぞれ，−0.29，−0.45）が認められた．

以上より，パニック障害の症状悪化に伴い心臓副交感神経の活動低下が生じ（情動喚起の強さと関連する可能性はあるが，本研究では検討されていない），それが少なくとも実行機能の一部である抑制機能の悪化を引き起こす一因となっている可能性があると考察されている．

c. 脳幹機能異常を示すプレパルス抑制

プレパルス抑制（PPI）と馴化は，驚愕反応の可塑性を示す認知機能指標である．そして，先にPDの神経解剖学モデルをレビューした際に触れた，恐怖条件づけに伴って成立する「恐怖で増強された驚愕反応」がPDの病態維持にかかわっているとすると，情動喚起の強さと直接かかわる指標であると考えられ，PDにおいてはこれらの指標においても情報処理の異常が示される可能性がある．

PPIとは，驚愕反応を引き起こす刺激の直前に弱い聴覚刺激を与えることによって，驚愕反応の非学習性の抑制が引き起こされる現象であり，外的（聴覚，視覚，触覚），内的（思考，衝動）刺激を抑制する全般的な認知能力を表している．PPIの異常によって，不適切な感覚，運動，認知的情報の入力制御ができなくなり，侵入的な思考や感覚，付随的な運動や行動が生じやすくなる．一方，馴化とは刺激の繰り返しによって生じる反応の減弱を意味しているが，その異常によって，感覚情報に対する過度な反応が引き起こされることになる．

Ludewigら[19]，14人の未服薬のPD患者と，28人の年齢，性別をマッチした健常者を対象にして，聴覚刺激に対する驚愕反応と，それに対するPPIと馴化を検討し，さらにその結果を，24人の服薬治療中のPD患者とも比較した．その結果，未服薬のPD患者は，驚愕反応の増強，馴化の減弱，PPIの減弱を示し，前二者のスコアは，body sensation questionnaire（BSQ）で測定した身体症状に対する誤った認知的解釈の程度と強い有意な相関を示していた（二つのブロックにおける驚愕反応との間に0.63と0.73，馴化の大きさとの間に−0.73の順位相関あり）．そして，服薬患者（HAM-Aで測定した不安の程度は未服薬患者よりも有意に高かった）との比較では，驚愕反応の増強，馴化の減弱は，未服薬患者との間には有意差がなく，健常者との間に有意差があった．一方，PPIは，健常

者よりも有意に減弱していたが，プレパルスと驚愕刺激との間の時間が240 ms の条件においては，未服薬患者の方が有意に減弱しており，薬物療法による改善効果が認められた．

以上より，未服薬の PD 患者では，早期の感覚情報処理に異常があることが示され，服薬治療によってその一部の改善が認められることが明らかになった．そして，驚愕反応の増強と馴化の減弱が BSQ と強い相関を示したことから，感覚情報に対する過度な反応が，それに後続する PD の認知機能異常を引き起こしている可能性が示唆された．

おわりに

本章では，最初に不安障害における情動喚起と情動制御の異常を捉える枠組みを提示した後，パニック障害の神経解剖学モデル，パニック障害の脳イメージング，パニック障害の認知機能異常について紹介することで，この主題について現在どこまでわかっているかを解説した．

その結果，PD では，恐怖ネットワークの過活動が実際に認められ情動喚起が強まっていることが裏づけられた．そして，橋と中脳がかかわる驚愕反応の指標に関しても明らかな異常が認められ，驚愕反応の増強による感覚情報に対する過度な反応と前頭前野における情動処理の過敏性によって，PD にかかわる刺激に対する注意バイアスや解釈バイアスの原因となる認知機能異常が引き起こされる可能性が示された．

その一方で，情動制御にかかわる前頭前野の機能不全も様々な形で認められ，情動ストループ課題を用いた研究結果では，情動が喚起される葛藤状況に対して背側前帯状回・背内側前頭前野の活動を強めることで対応するが，葛藤状況が持続すると同部位の働きが持続できなくなり，扁桃体や海馬の活動を抑制することが困難になるといった結びつきも窺われた．また，CBT によって症状が改善する際には，背内側前頭前野の機能改善が一定の役割を果たしていることも示唆された．

以上より，PD では，扁桃体など大脳辺縁系の過活動に止まらず，脳幹部まで含めた形での情動喚起の異常があり，前頭前野がそれに過大な反応を示す一方で，様々な情動が喚起される葛藤状況に対して前頭前野が正常な抑制効果を示さないといった異常もあり，両者があいまって PD の病態が維持されるものと考えられ

た．また，PD の症状悪化に伴って心臓副交感神経の低下が強くなると，それと並行して抑制機能の悪化が認められる可能性も示されていることから，両者の異常が相互に強め合って病態が悪化することも想定されよう． [熊野宏昭]

文 献

1) Cisler JM, Olatunji BO, Feldner MT, Forsyth JP : Emotion regulation and the anxiety disorders : An integrative review. *J Psychopathol Behav Assess* **32** : 68-82, 2010.
2) Uys JD, Stein DJ, Daniels WM et al : Animal models of anxiety disorders. *Curr Psychiatry Rep* **5**(4) : 274-281, 2003.
3) Gorman JM, Kent JM, Sullivan GM et al : Neuroanatomical hypothesis of panic disorder, revised. *Am J Psychiatry* **157** : 493-505, 2000.
4) Fendt M, Koch M, Schnitzler HU : Lesions of the central gray block conditioned fear as measured with the potentiated startle paradigm. *Behav Brain Res* **74** : 127-134, 1996.
5) Coplan JD, Lydiard RB : Brain circuits in panic disorder. *Biol Psychiatry* **44** : 1264-1276, 1998.
6) Etkin A, Wager TD : Functional neuroimaging of anxiety : a meta-analysis of emotional processing in PTSD, social anxiety disorder, and specific phobia. *Am J Psychiatry* **164**(10) : 1476-1488, 2007.
7) Etkin A, Egner T, Peraza DM, Kandel ER, Hirsch J : Resolving emotional conflict : a role for the rostral anterior cingulate cortex in modulating activity in the amygdala. *Neuron* **51**(6) : 871-882, 2006. Erratum in : *Neuron* **52**(6) : 1121, 2006.
8) Engel K, Bandelow B, Gruber O et al : Neuroimaging in anxiety disorders. *J Neural Transm* **116**(6) : 703-716, 2009.
9) Sakai Y, Kumano H, Nishikawa M et al : Cerebral glucose metabolism associated with a fear network in panic disorder. *Neuroreport* **16** : 927-931, 2005.
10) Sakai Y, Kumano H, Nishikawa M et al : Changes in cerebral glucose utilization in patients with panic disorder treated with cognitive-behavioral therapy. *NeuroImage* **33** : 218-226, 2006.
11) Ongur D, Price JL : The organization of networks within the orbital and medial prefrontal cortex of rats, monkeys and humans. *Cereb Cortex* **10** : 206-219, 2000.
12) Nishimura Y, Tanii H, Fukuda M et al : Frontal dysfunction during a cognitive task in drug-naive patients with panic disorder as investigated by multi-channel near-infrared spectroscopy imaging. *Neurosci Res* **59**(1) : 107-112, 2007.
13) Nishimura Y, Tanii H, Hara N et al : Relationship between the prefrontal function during a cognitive task and the severity of the symptoms in patients with panic disorder : a multi-channel NIRS study. *Psychiatry Res* **172**(2) : 168-172, 2009.
14) van den Heuvel OA, Veltman DJ, Groenewegen HJ et al : Disorder-specific neuroanatomical correlates of attentional bias in obsessive-compulsive disorder, panic disorder, and hypochondriasis. *Arch Gen Psychiatry* **62**(8) : 922-933, 2005.
15) Ball TM, Ramsawh HJ, Capbell-Sills L, Paulus MP, Stein MB : Prefrontal dysfunction during emotion regulation in generalized anxiety and panic disorders. *Psychological Medicine* **43** : 1475-1486, 2013.

16) Chechko N, Wehrle R, Erhardt A et al : Unstable prefrontal response to emotional conflict and activation of lower limbic structures and brainstem in remitted panic disorder. *PLoS One* **4**(5) : e5537, 2009.
17) Alves MR, Pereira VM, Machado S, Nardi AE, de Oliveira e Silva AC : Cognitive functions in patients with panic disorder : a literature review. *Rev Bras Psiquiatr* **35**(2) : 193-200, 2013.
18) Hovland A, Pallesen S, Hammar A, Hansen AL, Thayer JF, Tarvainen MP, Nordhus IH : The relationships among heart rate variability, executive functions, and clinical variables in patients with panic disorder. *Int J Psychophysiol* **86**(3) : 269-275, 2012.
19) Ludewig S, Geyer MA, Ramseier M, Vollenweider FX, Rechsteiner E, Cattapan-Ludewig K : Information-processing deficits and cognitive dysfunction in panic disorder. *J Psychiatry Neurosci* **30**(1) : 37-43, 2005.

●索　引

AMPA 受容体　9
ASD　129
BSQ　199
CaMKII　7
CBT　160, 178, 192
CBT-E　160
ChR2　7
CREB　11
CWIT　198
DSM　114, 148, 166
EDI-2　154
fMRI　100, 152
γ-アミノ酪酸　14
GABA　14
GAD　188
GRP　16
ICD-10　114, 148
ITC 細胞　14
L-type 電位依存性カルシウムチャネル　7
LA 特異的遺伝子操作マウス　15
LTP　6
multi-dimensional model　176
NIRS　194
NMDA 型グルタミン酸受容体　7
NpHR　7
OCD　166
OCD-loop 仮説　182
OCSD　167
PDD　178
PDSS　193
PET　192
PKA　11
PPI　28, 199
PTSD　14, 188
SAD　188
SNP　141

SSRI　162
STS　18
　——と扁桃体の機能的連携　28
T 字迷路　62
VBM　103, 170
VGCC　7
WCST　198

ア 行

アソシエート　91
頭方向識別応答　24
頭方向非識別応答　24
アロスタシス　70
安寧フェロモン　94

遺伝素因　194
意欲の欠如　114

うつ病　100

エクスポージャ治療　192

応答潜時　28
オキシトシン　134
オペラント条件づけ　63

カ 行

解釈バイアス　200
外側膝状体外視覚系　28
外側膝状体視覚系　28
快の情動反応　61, 65
海馬　103
快評価　118
快楽消失　115, 121
快楽追求行動の減弱　121
快楽ホットスポット　66

快楽を低く予想する信念　121
改良型オープンフィールド試験　86
顔選択的応答ニューロン　19
顔ニューロン　19
顔パッチ　19
過食症　148
過食/排出型　148
下側頭回　19
下側頭皮質　20
価値意識　117, 123
葛藤状況への順応　195
感覚特異的満腹　69
感情鈍麻　115
感情の平板化　114
感情表出　116

記憶機能　174
機能的磁気共鳴画像法　100
基本情動　41
強化学習　65
驚愕反応の可塑性　199
共同注意　36
強迫スペクトラム障害　167
強迫性障害　166
恐怖記憶固定化　10
恐怖記憶の維持　12
恐怖条件づけ　2, 90, 188
恐怖で増強された驚愕反応　190
恐怖ネットワーク　189
拒食症　147
近赤外線スペクトロスコピー　194

空間認知機能　174
クーリッジ効果　70
グループ療法　161

警報フェロモン 81
嫌悪評価 118
現在の情動 118

高次認知の神経機構 37
恒常性 67
高発火性ニューロン 73
広汎性発達障害 178
古典的条件づけ 188
語流暢課題 194

サ 行

再燃 14
再評価 187
サブジェクト 90
視覚情報処理 47
視覚情報処理経路 28
視覚探索課題 28
自己関連づけ 108
自己効力感 126
視床枕 28, 50
視線識別応答 24
視線追従 36
視線に応答するニューロン 20
視線に対する盲視 28
視線の速い処理 29
視線の弁別行動 22
視線非識別応答 24
視線方向の継時弁別課題 24
自尊心 126
膝下部前帯状回 103
膝状体外視覚経路 49
膝状体視覚経路 48
自発性パニック発作 186
事物／他者／自分 124
自閉症 33
自閉症スペクトラム障害 34, 129
社会性障害 116
社会的緩衝作用 90
社会的参照能力 45
社会的シグナル（刺激）の検出 30
社会的シグナル情報の処理 30
社会的刺激 43

社会的ストレス 122
社会的適応障害 46
社会的認知 18, 129
社会的認知機能 42, 44, 46
社会脳 129
社交不安障害 188
主嗅覚系 79
馴化 199
上丘 28, 50
条件刺激 3, 68
条件づけ場所嗜好性 63
条件づけ場所嗜好性試験 79
情緒的葛藤のモニタリング 191
上側頭溝 18
情動 2, 171
——の制御機能 42
情動喚起 186
情動喚起課題 194
情動記憶 105
——の獲得 5
——の再固定化 13
——の消去 13
情動行動発現 47
情動ストループ課題 195
情動制御 186
情動制御システム 55
衝動制御障害 171
情動体験 118
情動的な意味のコード 29
情動発達 42, 47
情動表出 117
正面顔と横顔の二つの因子 25
鋤鼻系 80
神経解剖学モデル 188
神経心理課題 196
神経性大食症 147
神経性無食欲症 147
新生児 43
心臓副交感神経 198
身体イメージ認知 155
身体イメージの障害 147
身体感覚への注意バイアス 197
心的外傷後ストレス障害 14, 188
心拍変動 198

遂行機能 174
スティグマ抵抗力 122
スティグマの内在化 122
ストレス 70
——の社会的緩衝作用 90
スパイン 12

生活特性 116
生活臨床 117
性行動 71
青年期 46, 54
摂食障害 147
摂食障害調査表 154
摂食制限型 148
セットポイント 67
セルフスティグマ 122
セロトニン 107, 150, 179
線条体 107
前帯状回 168
選択的セロトニン再取り込み阻害薬 162
前頭眼窩面 166
前頭前野 104, 187
前頭葉―皮質下神経ネットワーク異常仮説 169
全般性不安障害 188
前臨床モデル 188

側坐核 60, 66, 71

タ 行

多元的モデル 150
男女差 138

知・情・意 123
チック障害 172
チャネルロドプシン 2 7
注意機能 173
中性刺激 90
聴覚性驚愕反射 88
長期増強 6

手がかり依存的恐怖条件づけ 3
手がかり効果 32
テストステロン 82

動機づけディメンション　116
統合失調症　114
同時検出器　7
動物の嗅覚系　79
トゥレット障害　172
ドナー　82
ドパミン　60, 79

ナ　行

内因性不安　186
内在化されたスティグマ　122
内在化スティグマ尺度　122
内側前頭前皮質　55
内側前頭前野　109
内部感覚　189

乳児　43
認知　173
認知課題　194
認知行動療法　160, 178, 192
認知的な防御因子　126
認知バイアス　102

脳内自己刺激　59

ハ　行

背内側前頭前野　193
破局的解釈と回避　189
激しい多幸感　72
発達障害　129
パニック障害　186
バブル刺激　34
ハミルトンうつ病評価尺度　107

速い潜時の応答　27
ハロロドプシン　7
反響ループ　169

光遺伝学　6
非現在の情動　118
皮質下視覚情報経路　50
皮質盲　28
尾状核　168
非条件刺激　3
ヒトミラーニューロンシステム　131
肥満恐怖　148
表出減弱ディメンション　116
表情画像に対する盲視　28
表情認知　102, 117, 120
広場恐怖　192

不安　168
不安障害　166, 186
フェロモン　80
腹側前帯状回　109
腹内側前頭前野　193
不適切な感情　115
フルオキセチン　162
プレパルス抑制　199
ブレイン・ロック　181

変形身体イメージ課題　158
扁桃体　4, 19, 47, 50, 54, 103, 187
　　——と自閉症　33
扁桃体外側核　4
扁桃体損傷患者　30
扁桃体ニューロンの視線と頭の方向の情報処理　23

扁桃体破壊ザルの社会的行動　29

報酬　59
報酬系　59, 173
報酬予測　107
ポストシナプス電圧　6
ホメオスタシス　67

マ　行

メタ認知　126

ヤ　行

薬物療法　179
やせ願望　148

予期不安　189, 193
抑制　187
予測誤差　64

ラ　行

ラポールの障害　115

利他的　126
両価性　115

レシピエント　82

ワ　行

ワーキングメモリー　175, 197

編者略歴

山脇成人（やまわき・しげと）

1954 年　広島市に生まれる
1979 年　広島大学医学部卒業
現　在　広島大学大学院医歯薬保健学研究院応用生命科学部門・教授
　　　　医学博士

西条寿夫（にしじょう・ひさお）

1956 年　長野県に生まれる
1986 年　富山医科薬科大学大学院医学研究科生理系専攻修了
現　在　富山大学大学院医学薬学研究部システム情動科学教室・教授
　　　　医学博士

情動学シリーズ 2
情動の仕組みとその異常　　　　　　定価はカバーに表示

2015 年 5 月 25 日　初版第 1 刷

　　　　　　　　　　　　　　　編　者　山　脇　成　人
　　　　　　　　　　　　　　　　　　　西　条　寿　夫
　　　　　　　　　　　　　　　発行者　朝　倉　邦　造
　　　　　　　　　　　　　　　発行所　株式会社　朝　倉　書　店
　　　　　　　　　　　　　　　東京都新宿区新小川町 6-29
　　　　　　　　　　　　　　　郵 便 番 号　１６２-８７０７
　　　　　　　　　　　　　　　電　話　03（3260）0141
　　　　　　　　　　　　　　　Ｆ Ａ Ｘ　03（3260）0180
〈検印省略〉　　　　　　　　　　http://www.asakura.co.jp

Ⓒ 2015〈無断複写・転載を禁ず〉　　　　　印刷・製本　東国文化

ISBN 978-4-254-10692-3　　C 3340　　　　Printed in Korea

JCOPY　〈(社)出版者著作権管理機構　委託出版物〉

本書の無断複写は著作権法上での例外を除き禁じられています．複写される場合は，そのつど事前に，(社) 出版者著作権管理機構（電話 03-3513-6969，FAX 03-3513-6979，e-mail: info@jcopy.or.jp）の許諾を得てください．

東京成徳大 海保博之・聖学院大 松原　望監修
関西大 北村英哉・早大 竹村和久・福島大 住吉チカ編

感情と思考の科学事典

10220-8　C3540　　　　A 5 判　484頁　本体9500円

「感情」と「思考」は，相対立するものとして扱われてきた心の領域であるが，心理学での知見の積み重ねや科学技術の進歩は，両者が密接に関連してヒトを支えていることを明らかにしつつある。多様な学問的関心と期待に応えるべく，多分野にわたるキーワードを中項目形式で解説する。測定や実践場面，経済心理学といった新しい分野も取り上げる。〔内容〕I. 感情／II. 思考と意思決定／III. 感情と思考の融接／IV. 感情のマネジメント／V. 思考のマネジメント

海保博之・楠見　孝監修
佐藤達哉・岡市廣成・遠藤利彦・
大渕憲一・小川俊樹編

心理学総合事典（新装版）

52020-0　C3511　　　　B 5 判　712頁　本体19000円

心理学全般を体系的に構成した事典。心理学全体を参照枠とした各領域の位置づけを可能とする。基本事項を網羅し，最新の研究成果や隣接領域の展開も盛り込む。索引の充実により「辞典」としての役割も高めた。研究者，図書館必備の事典〔内容〕I部：心の研究史と方法論／II部：心の脳生理学的基礎と生物学的機能／III部：心の知的機能／IV部：心の情意機能／V部：心の社会的機能／VI部：心の病態と臨床／VII部：心理学の拡大／VIII部：心の哲学。

早大 中島義明編

現代心理学［理論］事典

52014-9　C3511　　　　A 5 判　836頁　本体22500円

心理学を構成する諸理論を最先端のトピックスやエピソードをまじえ解説。〔内容〕心理学のメタグランド理論編（科学論的理論／神経科学的理論他 3 編）／感覚・知覚心理学編（感覚理論／生態学的理論他5編）／認知心理学編（イメージ理論／学習の理論他 6 編）／発達心理学編（日常認知の発達理論／人格発達の理論他4編）／社会心理学編（帰属理論／グループダイナミックスの理論他4編）／臨床心理学編（深層心理学の理論／カウンセリングの理論／行動・認知療法の理論他 3 編）

早大 中島義明編

現代心理学［事例］事典

52017-0　C3511　　　　A 5 判　400頁　本体8500円

『現代心理学［理論］事典』で解説された「理論」の構築のもととなった研究事例，および何らかの意味で関連していると思われる研究事例，または関連している現代社会や日常生活における事象・現象例について詳しく紹介した姉妹書。より具体的な事例を知ることによって理論を理解することができるよう解説。〔目次〕メタ・グランド的理論の適用事例／感覚・知覚理論の適用事例／認知理論の適用事例／発達理論の適用事例／臨床的理論の適用事例

法政大 越智啓太・関西大 藤田政博・科警研 渡邉和美編

法と心理学の事典
　　　　　―犯罪・裁判・矯正―

52016-3　C3511　　　　A 5 判　672頁　本体14000円

法にかかわる諸課題に，法学・心理学の双方の観念をふまえて取り組む。法学や心理学の基礎的・理論的な紹介・考察から，様々な対象への経験的な研究方法まで，中項目形式で紹介。〔章構成〕1. 法と心理学 総論／2. 日本の司法制度の概要／3. アメリカ・諸外国の司法制度の概要／4. 刑事法・民事法関係／5. 心理学の分野と研究方法／6. 犯罪原因論／7. 各種犯罪／8. 犯罪捜査／9. 公判プロセス／10. 防犯／11. 犯罪者・非行少年の処遇／12. 精神鑑定／13. 犯罪被害者

前九州芸工大 佐藤方彦編

日 本 人 の 事 典

10176-8 C3540　　B5判 736頁 本体28500円

日本人と他民族との相違はあるのか，日本人の特質とは何か，ひいては日本人とは何か，を生理人類学の近年の研究の進展と蓄積されたデータを駆使して，約50の側面から解答を与えようとする事典。豊富に挿入された図表はデータブックとしても使用できるとともに，資料に基づいた実証的な論考は日本人論・日本文化論にも発展できよう。〔内容〕起源／感覚／自律神経／消化器系／泌尿器系／呼吸機能／体力／姿勢／老化／体質／寿命／諸環境と日本人／日本人と衣／日本人の文化／他

国立長寿医療研 鈴木隆雄著

日 本 人 の か ら だ
―健康・身体データ集―

10138-6 C3040　　B5判 356頁 本体14000円

身体にかかわる研究，ものづくりに携わるすべての人に必携のデータブック。総論では，日本人の身体についての時代差・地方差，成長と発達，老化，人口・栄養・代謝，運動能力，健康・病気・死因を，各論ではすべての器官のデータを収録。日本人の身体・身性に関する総合データブック。〔内容〕日本人の身体についての時代差・地方差／日本人の成長と発達／老化／人口・栄養・代謝／運動能力／健康・病気・死因／各論(すべての器官)／付：主な臨床検査にもとづく正常値／他

順天堂大 坂井建雄・生育医療研究センター 五十嵐隆・人間総合科学大 丸井英二編

か ら だ の 百 科 事 典

30078-9 C3547　　A5判 584頁 本体20000円

「からだ」に対する関心は，健康や栄養をはじめ，誰にとっても高いものがある。本書は，「からだ」とそれを取り巻くいろいろな問題を，さまざまな側面から幅広く魅力的なテーマをあげて，わかりやすく解説したもの。
第1部「生きているからだ」では，からだの基本的なしくみを解説する。第2部「からだの一大事」では，からだの不具合，病気と治療の関わりを扱う。第3部「社会の中のからだ」では，からだにまつわる文化や社会との関わりを取り扱う

都老人研 鈴木隆雄・東大 衞藤　隆編

か ら だ の 年 齢 事 典

30093-2 C3547　　B5判 528頁 本体16000円

人間の「発育・発達」「成熟・安定」「加齢・老化」の程度・様相を，人体の部位別に整理して解説することで，人間の身体および心を斬新な角度から見直した事典。「骨年齢」「血管年齢」などの，医学・健康科学やその関連領域で用いられている「年齢」概念およびその類似概念をなるべく取り入れて，生体機能の程度から推定される「生物学的年齢」と「暦年齢」を比較考量することにより，興味深く読み進めながら，ノーマル・エイジングの個体的・集団的諸相につき，必要な知識が得られる成書

山崎昌廣・坂本和義・関　邦博編

人 間 の 許 容 限 界 事 典

10191-1 C3540　　B5判 1032頁 本体38000円

人間の能力の限界について，生理学，心理学，運動学，生物学，物理学，化学，栄養学の7分野より図表を多用し解説(約140項目)。〔内容〕視覚／聴覚／骨／筋／体液／睡眠／時間知覚／識別／記憶／学習／ストレス／体罰／やる気／歩行／走行／潜水／バランス能力／寿命／疫病／体脂肪／進化／低圧／高圧／振動／風／紫外線／電磁波／居住スペース／環境ホルモン／酸素／不活性ガス／大気汚染／喫煙／地球温暖化／ビタミン／アルコール／必須アミノ酸／ダイエット／他

慶大 渡辺　茂・麻布大 菊水建史編
情動学シリーズ1
情 動 の 進 化
――動物から人間へ――
10691-6 C3340　　　　A 5 判 192頁 本体3200円

情動の問題は現在的かつ緊急に取り組むべき課題である。動物から人へ，情動の進化的な意味を第一線の研究者が平易に解説。〔内容〕快楽と恐怖の起源／情動認知の進化／情動と社会行動／共感の進化／情動脳の進化

東京成徳大 海保博之監修　甲子園大 南　徹弘編
朝倉心理学講座3
発 達 心 理 学
52663-9 C3311　　　　A 5 判 232頁 本体3600円

発達の生物学的・社会的要因について，霊長類研究まで踏まえた進化的・比較発達の視点と，ヒトとしての個体発達の視点の双方から考察。〔内容〕I．発達の生物的基盤／II．社会性・言語・行動発達の基礎／III．発達から見た人間の特徴

東京成徳大 海保博之監修　前広島大 利島　保編
朝倉心理学講座4
脳 神 経 心 理 学
52664-6 C3311　　　　A 5 判 208頁 本体3400円

脳科学や神経心理学の基礎から，心理臨床・教育・福祉への実践的技法までを扱う。〔内容〕神経心理学の潮流／脳の構造と機能／感覚・知覚の神経心理学的障害／認知と注意／言語／記憶と高次機能／情動／発達と老化／リハビリテーション

東京成徳大 海保博之監修　同志社大 鈴木直人編
朝倉心理学講座10
感 情 心 理 学
52670-7 C3311　　　　A 5 判 224頁 本体3600円

諸科学の進歩とともに注目されるようになった感情（情動）について，そのとらえ方や理論の変遷を展望。〔内容〕研究史／表情／認知／発達／健康／脳・自律反応／文化／アレキシサイミア／攻撃性／罪悪感と羞恥心／パーソナリティ

玉川大 小島比呂志監訳
脳・神経科学の研究ガイド
10259-8 C3341　　　　B 5 判 264頁 本体5400円

神経科学の多様な研究(実験)方法を解説。全14章で各章は独立しており，実験法の原理と簡単な流れ，データ解釈の注意，詳細な参考文献を網羅した。学生・院生から最先端の研究者まで，神経科学の研究をサポートする便利なガイドブック。

◆ 脳科学ライブラリー〈全7巻〉 ◆
津本忠治編集／進展著しい領域を平易に解説

理研 加藤忠史著
脳科学ライブラリー1
脳 と 精 神 疾 患
10671-8 C3340　　　　A 5 判 224頁 本体3500円

うつ病などの精神疾患が現代社会に与える影響は無視できない。本書は，代表的な精神疾患の脳科学における知見を平易に解説する。〔内容〕統合失調症／うつ病／双極性障害／自閉症とAD/HD／不安障害・身体表現性障害／動物モデル／他

東北大 大隅典子著
脳科学ライブラリー2
脳 の 発 生 ・ 発 達
――神経発生学入門――
10672-5 C3340　　　　A 5 判 176頁 本体2800円

神経発生学の歴史と未来を見据えながら平易に解説した入門書。〔内容〕神経誘導／領域化／神経分化／ニューロンの移動と脳構築／軸索伸長とガイダンス／標的選択とシナプス形成／ニューロンの生死と神経栄養因子／グリア細胞の産生／他

富山大 小野武年著
脳科学ライブラリー3
脳 と 情 動
――ニューロンから行動まで――
10673-2 C3340　　　　A 5 判 240頁 本体3800円

著者自身が長年にわたって得た豊富な神経行動学的研究データを整理・体系化し，情動と情動行動のメカニズムを総合的に解説した力作。〔内容〕情動，記憶，理性に関する概説／情動の神経基盤，神経心理学・行動学，神経行動科学，人文社会学

慶大 岡野栄之著
脳科学ライブラリー4
脳 の 再 生
――中枢神経系の幹細胞生物学と再生戦略――
10674-9 C3340　　　　A 5 判 136頁 本体2900円

中枢神経系の再生医学を目指す著者が，自らの研究成果を含む神経幹細胞研究の進歩を解説。〔内容〕中枢神経系の再生の概念／神経幹細胞とは／神経幹細胞研究ツールの発展／神経幹細胞の制御機構の解析／再生医療戦略／疾患・創薬研究

上記価格（税別）は 2015 年 4 月現在